实战
家电维修

图表详解
# 液晶电视机
维修实战

王学屯　王曌敏　编著

化学工业出版社
·北京·

本书采用"图表"与"全彩"结合的形式，详细介绍了液晶电视机的维修知识，主要内容包括：液晶电视机基础知识，液晶电视机基本维修技能，单元电路的结构，原理及维修（电源电路、背光灯电路、主板电路、屏与逻辑电路），液晶彩电常见故障的维修，液晶电视的组装，液晶电视综合维修技术及案例等。

本书内容实用性和可操作性强，电路原理阐述详细，故障分析精细透彻，图表直观清晰，全彩重点标注，学习起来更加得心应手。

本书适合家电维修技术人员阅读使用，同时也可用作职业院校及培训学校相关专业的教材及参考书。

**图书在版编目（CIP）数据**

图表详解液晶电视机维修实战 / 王学屯，王翠敏编著 . —北京：化学工业出版社，2018.3（2023.4 重印）
（实战家电维修）
ISBN 978-7-122-31262-4

Ⅰ . ①图… Ⅱ . ①王…②王… Ⅲ . ①液晶电视机 - 维修 - 图解 Ⅳ . ① TN949.192-64

中国版本图书馆 CIP 数据核字（2017）第 328922 号

---

责任编辑：耍利娜　　　　　　　　　　文字编辑：谢蓉蓉
责任校对：边　涛　　　　　　　　　　装帧设计：刘丽华

---

出版发行：化学工业出版社（北京市东城区青年湖南街 13 号　邮政编码 100011）
印　　装：北京虎彩文化传播有限公司
787mm×1092mm　1/16　印张 13½　字数 329 千字　2023 年 4 月北京第 1 版第 11 次印刷

---

购书咨询：010-64518888　　　　　　　售后服务：010-64518899
网　　址：http://www.cip.com.cn
凡购买本书，如有缺损质量问题，本社销售中心负责调换。

---

定　　价：59.00 元　　　　　　　　　　　　　　　版权所有　违者必究

# 前言

　　本书是"实战家电维修"系列图书之一，内容新颖，新知识点较多，语言通俗易懂。"图表形式"的讲解方式使读者学习起来十分轻松愉快，操作起来也更加容易上手，基本上避免了烦琐的理论讲述，对于需要学习和掌握液晶电视机的读者来说，是一本难得的工具型、资料型图书。

　　液晶电视的销量逐年增加，对它们的维修与保养也显得越来越重要。液晶电视技术的发展，对广大维修人员的技术水平提出了更高的要求。为了让广大液晶电视维修的初中级人员在短时间内掌握液晶电视的维修技术及基本检修方法，我们在总结实践经验和搜集相关资料的基础上编写了本书。希望本书的出版能给广大液晶电视维修人员提供帮助。

　　本书的特色是：

　　① 全程图表解析，形式直观清晰，一目了然。原理阐述简单化，起点低，语言简洁，入门级维修人员即可读懂。

　　② 全程维修实战，直指故障现象，对症下药。

　　③ 机型常用，故障类型丰富，随查随用。

　　④ 彩色印刷，重点知识、核心内容、信号传输及电源等采用彩色印刷，提高阅读效率。

　　本书在编写过程中，参考了各生产厂家的产品使用说明书和电路图以及大量相关的书目及资料，在此，对相关的作者一并表示衷心感谢！

　　本书适合于液晶彩电售后人员或家电维修人员学习使用，也可作为职业院校或相关技能培训机构的培训教材。

　　全书由王学屯、王婴敏编著。高选梅、孙文波、王米米、王江南、王学道、负建林、王连博、杨燕、张建波、张邦丁、王琼琼、刘军朝、张铁锤、负爱花等为本书资料整理、图表绘制做了大量工作。

　　由于笔者水平有限，且时间仓促，本书难免有不足之处，恳请各位读者批评指正。

编著者
2018 年 2 月

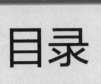

# 目录

基础篇

实战篇

# 基础篇

液晶电视机的维修既需要理论知识，又需要实际操作经验，而实际操作是建立在扎实的理论基础之上的。所以本书以"基础篇"开篇，主要讲述液晶基础知识、液晶彩电的整体构成、液晶彩电机芯方案、维修工艺、故障判断与检查方法、液晶电视电路识图与拆装等，作为学习液晶电视机维修的预备知识。通过对本篇的学习，读者可以为下一步进行实际操作打下良好的基础，实际操作起来可以更加得心应手。

# 第**1**章

# 液晶电视机基础知识

## 1.1 液晶基础知识

### 1.1.1 液晶的组成与特点

**①** **液晶的组成**

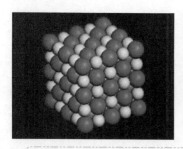

我们一般把物质分为固态、液态和气态三大类。但在1888年，奥地利植物学家莱尼茨(F.Reinitge)发现了一种特殊的混合物质，它在浑浊状态下处于固态和液态之间，即具有固态物质和液态物质的双重特性，因此称之为液晶。液晶的组成物质是一种有机化合物，是以碳为中心构成的化合物。

**②** **液晶的特点**

液晶（Liquid Crystal，LC）是液晶显示器的核心，不同的液晶器件使用不同的液晶，而不同的液晶有各自温度上结晶点和清亮点。因此各种液晶显示器都必须在规定的温度范围内使用。否则，若温度低于结晶点，液晶将会变为固态状态；若温度超过清亮点，液晶将变成液体。

TFT 的亮度好，对比度高，层次感强，颜色鲜艳；缺点是比较耗电，成本较高。

采用此类液晶制造的液晶显示器也就称为 LCD（Liquid Crystal Display）。

## ▶1.1.2　液晶显示屏

液晶显示屏简称为液晶屏，常见的液晶屏有三种：薄膜半导体 TFT 型、扭转向列 TN 型和超扭转向列 STN 型。液晶彩电中一般采用的是薄膜半导体 TFT 型液晶屏。

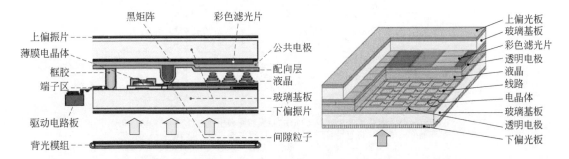

TFT 型液晶屏主要构成包括：萤光管或 LED、导光板、偏光板、滤光板、玻璃基板、配向膜、液晶材料、薄膜式晶体管等。

简单的说，TFT LCD 液晶屏的基本结构为两片玻璃基板中间夹一层液晶。前端 LCD 面板贴上彩色滤光片，后端 TFT 面板上制作薄膜晶体管 (TFT)。当施加电压于晶体管时，液晶转向，光线穿过液晶后在前端面板上产生一个画素。背光模块位于 TFT-Array 面板之后负责提供光源。彩色滤光片给予每一个画素特定的颜色。结合每一个不同颜色的画素所呈现出的就是面板前端的影像。

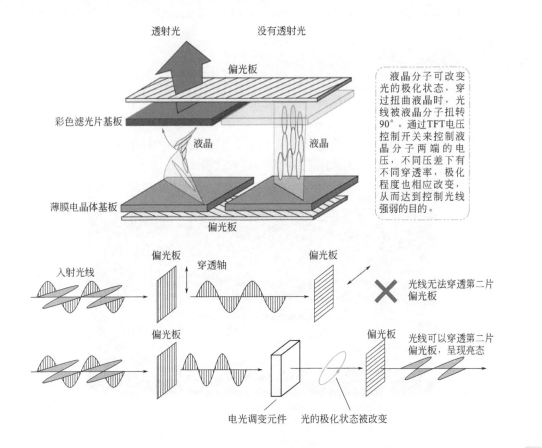

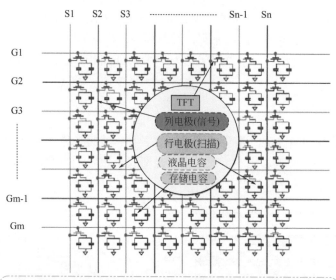

TFT矩阵控制的基本电路：TFT液晶为每个像素都设有一个半导体开关，列电极(信号电极)和像素电极分别与TFT的源极和漏极相连，TFT的栅极与行电极(扫描电极)相联。当有足够高的电压加到TFT的栅极时，TFT就会导通，此时，信号电极和像素电极就会接通。每个像素都可以通过点脉冲直接控制，因而每个节点都相对独立，并可以连续控制，不仅提高了显示屏的反应速度，同时可以精确控制显示色阶，所以TFT液晶的色彩更真。
屏内部行、列驱动电路形成的驱动控制信号通过上屏软线加到屏的TFT上。

## 1.2　液晶彩电的整体构成

### ▶ 1.2.1　液晶彩电的"板级"电路结构

　　液晶电视电路均采用模块化结构。模块化是指将其中某部分或某几部分电路设计在一个电路板上。

　　现在维修行业流传的板级维修就是对组成液晶电视的模块组件不进行维修，只对其是否存在故障进行判断，然后由产品制造商提供配件进行代换。

长虹LT3212液晶电视

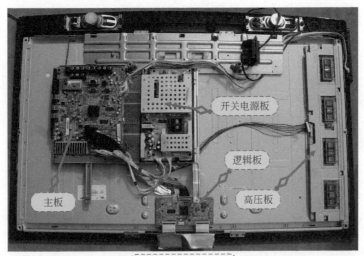

长虹LT4018液晶电视

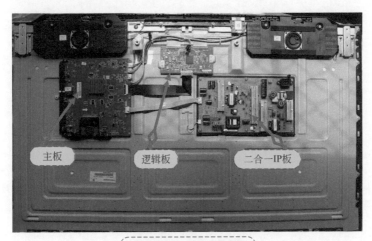

长虹50Q2N互联网液晶电视

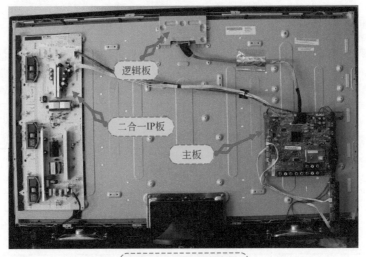

长虹LT42630FX液晶电视

## ▶1.2.2 液晶彩电的基本电路组成

### ① 液晶彩电基本电路组成方框图

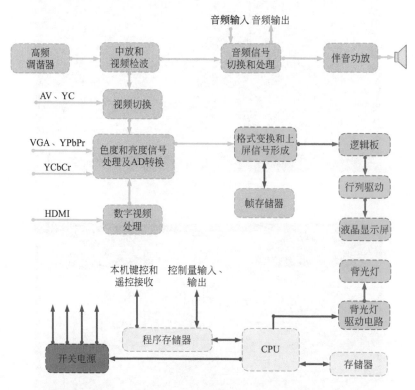

目前市场上的液晶电视从10in（1in=25.4mm）到55in，大约有十多种规格，同一规格的液晶电视会因功能和电路结构的不同形成多种型号。但它们的基本结构不会有太大的变化，工作原理也是相同的。

简单地说，液晶彩电的电路部分主要由开关电源、信号处理电路、液晶显示屏三大部分组成。

| 液晶彩电基本电路组成概述 | | |
|---|---|---|
| 信号处理电路（或主板电路） | | 高频调谐器、中放和视频检波电路、视频切换开关、亮度／对比度和A/D变换电路、数字视频处理电路、格式变换和上屏信号形成电路、帧存储器、音频信号切换和处理电路、伴音功率放大电路、CPU、程序存储器等在液晶电视中统称为信号处理电路或主板电路或主电路 |
| | 有3种板级电路形式 | 将上述所有信号处理电路全部设计安装在一个电路板上，这种承担了全部信号处理任务的电路组件板称为信号处理板 |
| | | 将视频信号切换和视频信号处理电路设计安装在一个电路板上，这个组件板称为AV板；其他的电路组成一个电路板，这个组件板称为信号处理电路 |
| | | 将高频调谐器、视频信号、YGA信号、输入／输出接口电路设计安装在一个电路板上，这个组件板称为AV板；其他的电路组成一个电路板，这个组件板称为信号处理电路 |

续表

| 液晶彩电基本电路组成概述 | |
|---|---|
| 电源电路 | 开关电源按安装位置可分为外置式和内置式两种<br>外置式电源又称为电源适配器，一般在小屏幕液晶电视上使用。通常只有一组 +12V 电压输出，输出电流为 1 ～ 12A<br>内置式电源用得最多，其输出电压一般有 +5V、+12V 和 +24V 等，输出电流在 1 ～ 12A<br>开关电源按板级结构可分为独立式和电源与驱动电路二合一式（IP 式） |
| 液晶屏部分电路 | 液晶屏部分电路包括逻辑板电路、行列驱动电路、逆变器或背光灯驱动电路、背光灯、LCD 显示屏等 |

| 液晶彩电基本电路组成详解 | |
|---|---|
| 开关电源电路 | 开关电源是整机的能源供给，为整机电路提供工作电压，各单元电路都要在合适的电源供给下才能正常工作。目前，开关电路的形式一般有待机开关电源（副电源）、PFC 开关电源和主开关电源。部分小屏幕的液晶彩电没有 PFC 开关电源。在液晶彩电中，开关电源既独立又受控于主板，所谓独立是指开关电源启动进入待机工作状态，不需要外部电路进行控制；受控则是指开关电源能否从待机状态进入正常工作状态完全受控于主板送来的开 / 待机控制电压是否正常。开关电源的工作状态也受 CPU 的控制 |
| 高频调谐器（高频头） | 调谐器俗称高频头，主要作用是选择电视频道（电台）并将该频道的高频电视信号进行放大，然后经过本机振荡和混频电路，使不同的载波频率变换为固定的中频，最后输出图像中频 38MHz 和伴音中频 31.5MHz 的电视信号（IF） |
| AGC 电路 | AGC 是自动增益电路的简称。主要作用是把强弱不同的视频信号，转换成强弱不同的脉冲直流电压，自动去控制电视机高频放大及中频放大的增益，使图像保持清晰稳定。其中，中放 AGC 在 CPU 内部处理，而高放 AGC 在 CPU 内部处理后还要送至调谐器 |
| 前置放大 | 前置放大又称为预中放，是一级三极管的中频放大电路，主要用来弥补声表面波滤波器插入后带来的损耗 |
| 声表面波滤波器（SWAF） | 主要作用是对图像中频信号进行限幅，对伴音中频信号则进行衰减，对相邻频道的图像载频和伴音载频进行抑制 |
| 中频放大 | 主要作用是放大图像中频信号，仅对伴音中频信号只做极少量的放大，防止声音干扰图像<br>⚠ 近几年生产的液晶电视大多数无独立的高频头，高频头是一个中频信号处理 + 高频头的二合一组件 |
| 检波 | 主要作用之一是从调幅的图像中频信号中解调出视频信号，送入预视放电路；之二是将图像中频与伴音中频进行混频差拍，取出 6.5MHz 的第二伴音中频信号，送入伴音电路 |
| 预视放 | 是一个分配电路，把视频信号加以放大后分多路输出，分别送入伴音切换和视频切换电路等 |
| 遥控发射器 | 供收看人员在机外一定距离内实现遥控电视机的各种功能操作，以及维修人员调试使用 |
| 遥控接收器 | 又称遥控接收头，其作用是接收遥控发射器发送的红外遥控信号，并将其解调为功能指令操作码，然后送入 CPU 去识别与处理 |
| 本机键盘 | 可供收看人员在电视机上实现各种功能的操作与调节，以及维修人员调试使用 |

| 液晶彩电基本电路组成详解 | |
|---|---|
| 微处理器（CPU） | 作用之一是为整机提供智能化的各种控制，是各种开关控制信号与合成电压信号的产生源；之二是对复杂的小信号各单元电路进行放大、选频、检波、解码、DC/DC 变换、上电及分离等处理 |
| 存储器 | 将 CPU 送来的各种信息进行存储。EEPROM 存储器用于存储频道设置、亮度、对比度、音量等用户数据，FLASH 存储器用于存储液晶彩电的设备数据及运行程序 |
| I²C 总线 | 是在 CPU 与被控 IC 或被控器件之间进行双向传输的一种电路 |
| 音频信号切换和处理电路 | 音频信号切换主要是对外接输入的音频信号进行转换<br>音频信号处理电路：把从预视放送过来的第二伴音中频（6.5MHz）信号进行多级放大；然后完成伴音的调频检波去载（鉴频），解调出音频信号<br>音频处理电路常使用多制式、多功能电路，集成了伴音解调及音效处理功能。这部分电路一般是采用新型的数字音频功放电路 |
| 伴音功放 | 也称伴音低放，对音频信号进行功率放大、音效处理，使之驱动喇叭发声，播放音频 |
| 视频切换 | 视频切换主要是对外接输入的视频信号进行转换<br>视频信号切换开关在 CPU 的控制下，根据彩电的工作状态对输入的视频信号进行选择，选出对应状态下的视频信号送至色度 / 亮度和 A/D 变换电路 |
| 色度和亮度信号处理及 A/D 变换 | 色度和亮度信号处理又称为解码电路，其主要作用就是将接收到的视频全电视信号以及外接家用视频设备输入的全电视信号进行解码，解调出亮度 / 色度信号 Y/C、亮度 / 色差信号 YUV 或 RGB 信号。视频解码可分为模拟和数字解码两种类型。解码电路绝大部分在 CPU 内完成，因此在这里不多做介绍<br>该电路的输入信号还有 VGA 信号、YPbPr、YCbCr、HDMI 和内置 DVD 等信号。不同信号经该电路处理后产生的送至图像 YUV 信号和行场同步信号直接送至格式变换电路进行变频处理<br>A/D 变换是模拟信号转换为数字信号。数字式视频信号解码电路输出的数字式视频信号，直接送至后面的数字视频信号处理电路（去隔行、图像扫描格式转换电路 scaler）；模拟式视频信号解码电路输出的模拟视频信号需要送至 A/D 转换电路转换成数字视频信号后再送至后面的数字视频信号处理电路 |
| 格式变换（scaler）、上屏信号形成 | 图像格式变换电路（scaler）又称为图像缩放处理器、液晶彩电主解码电路或液晶彩电主控电路，用以对图像隔行 - 逐行变换电路输出的数字图像信号进行缩放处理、画质增强处理等，再经输出级接口电路送至液晶面板<br>格式变换由变频电路和帧存储器组成。不同信号经变频电路处理后形成的归一化格式信号直接送至上屏信号形成电路。上屏信号形成电路的作用是形成满足液晶屏要求的上屏信号，通过上屏线送至液晶屏的逻辑板 |
| 视频信号处理 | 视频信号处理电路主要包括解码电路和 A/D（模拟 / 数字）转换电路<br>视频解码电路的主要作用是将接收到的视频全电视信号及外接其他视频设备输入的全电视信号进行解码，解调出亮度 / 色度信号 Y/C、亮度 / 色差信号 YUV 或 RGB 信号。视频解码现在有两种类型：模拟解码和数字解码<br>模拟解码是早期的产品，现在液晶电视大多数是数字解码<br>数字视频解码信号电路输出的数字式视频信号，直接送至后面的数字视频信号处理电路（去隔行、图像扫描格式转换电路）；模拟式视频信号解码电路输出的模拟视频信号需要送至 A/D 转换电路转换成数字视频信号后再送至后面的数字视频信号处理电路 |

续表

| 液晶彩电基本电路组成详解 ||
|---|---|
| 逻辑板 | 逻辑板又称为控制板或时序控制电路（T-CON），控制板不仅是个信号放大器，还是一个内置有移位寄存器（水平和垂直移位）的专用模块电路。逻辑板有自身的软件和工作程序。逻辑板的作用是对信号主板送来的 LVDS 或 TTL 图像数据信号、时钟信号进行处理，通过移位寄存器将图像数据信号、时钟信号变换成对 TFT-LCD 或 LED 液晶显示器工作状态进行控制的行列驱动信号，然后送至行列驱动电路<br>逻辑板上的工作电压一般是由主板上的相关稳压电路提供 |
| 行列驱动板 | 行列驱动板是附加于液晶面板上的电路。行列驱动电路又称为栅极／源极驱动电路。液晶屏上横向的驱动电路（栅极驱动电路）控制液晶屏上像素控制 TFP 晶体管的开／关，液晶屏上纵向的驱动电路（源极驱动电路）负责视频信号的写入，配合其他组件的动作，即可在液晶屏上显示出影像 |
| LCD 显示器 | LCD 显示器是液晶彩电的核心部件，主要包含液晶屏、逻辑板、液晶屏栅极驱动电路和源极驱动电路（数据驱动电路）以及背光源等 |
| 背光灯 | 大屏幕液晶屏内部的 CCFL 背光灯由多只灯管构成，灯管与灯管之间等距离平行排列在液晶屏内，背光灯灯管的数量取决于屏幕的尺寸，屏幕越大灯管就越多，数量一般为 4～24 只<br>LED 背光灯一般是由灯条组成的 |
| 逆变器或背光灯驱动电路 | 逆变器主要作用是为 CCFL 背光灯提供 1200～1600V 正弦波电压或为 LED 灯提供合适的工作电压，实际上是一个电压转换器件。逆变器的工作状态受控于主板输出的开／待机电压和亮度调整控制电压（直流电压或 PWM 脉冲电压）。左右主板输出的启动工作控制电压加到逆变器上后，逆变器才能启动进入工作状态<br>一般 32in 液晶屏（CCFL）使用一个逆变器，超过 32in 以上液晶屏（CCFL）使用两个逆变器 |
| 液晶板接口电路 | 经液晶彩电主板处理后的供液晶屏使用的数字化视频信号一般需要通过接口电路送至液晶面板，液晶显示板与液晶彩电电路主板之间的接口有 TTL、LVDS、RSDS、TMDS 和 TCON 五种类型，其中，TTL 和 LVDS 接口最为常见 |
| 外接信号输入接口电路 | 液晶彩电有较多的外接信号输入接口电路，主要包括有传统的模拟 AV 输入信号、S 端子视频信号及数字视频输入信号等。外接输入视频信号要经过 AV 信号选择电路选择，并经 A/D（模拟／数字）转换电路转换成数字视频信号，再送至数字视频信号处理电路 |
| ⚠ 热地、冷地及隔离 | 在液晶彩电中，因开关电源将 220V 交流电直接整流，由于电源插头可能反插，机内电路板的地线会直接接到相线上，这种与市电相线相连的底板，就称为热底板。工作人员在调试、维修中若无意碰触热底板，就会因与大地构成回路而触电；同样若用示波器等仪器测试彩电时，仪器的接地线会将热底板中的市电对地短路，产生大电流，烧毁机内元器件。因此，为安全起见，开关变压器二次侧的后级电路一般采用冷地，即不带电地，实现热地、冷地的隔离。连在电源热、冷地之间的电容与电阻，用来将冷地板上的高频干扰耦合到热地，而热地与交流电网直接相连中，对高频信号相当于接地，同时也起到了热、冷地板的隔离。同理，光电耦合器重要作用之一就是热、冷地板的隔离<br>注意：在本书中，热地用一般用"▽"表示，冷地用"─"表示 |

② 长虹 LS-10 机芯主板元器件位置图

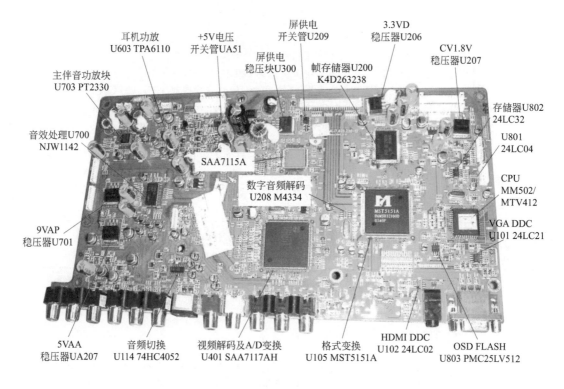

- 耳机功放 U603 TPA6110
- +5V电压 开关管UA51
- 屏供电 开关管U209
- 屏供电 稳压块U300
- 3.3VD 稳压器U206
- 帧存储器U200 K4D263238
- CV1.8V 稳压器U207
- 主伴音功放块 U703 PT2330
- 存储器U802 24LC32
- U801 24LC04
- 音效处理U700 NJW1142
- SAA7115A
- 数字音频解码 U208 M4334
- CPU MM502/ MTV412
- VGA DDC U101 24LC21
- 9VAP 稳压器U701
- 5VAA 稳压器UA207
- 音频切换 U114 74HC4052
- 视频解码及A/D变换 U401 SAA7117AH
- 格式变换 U105 MST5151A
- HDMI DDC U102 24LC02
- OSD FLASH U803 PMC25LV512

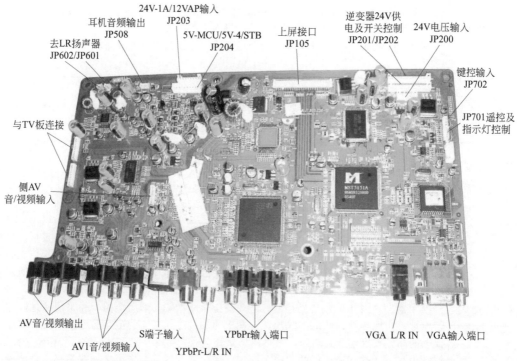

- 耳机音频输出 JP508
- 24V-1A/12VAP输入 JP203
- 上屏接口 JP105
- 逆变器24V供 电及开关控制 JP201/JP202
- 24V电压输入 JP200
- 去LR扬声器 JP602/JP601
- 5V-MCU/5V-4/STB JP204
- 键控输入 JP702
- 与TV板连接
- JP701遥控及 指示灯控制
- 侧AV 音/视频输入
- AV音/视频输出
- S端子输入
- YPbPr输入端口
- VGA L/R IN
- VGA输入端口
- AV1音/视频输入
- YPbPr-L/R IN

# 1.3 液晶彩电机芯方案

由于构成集成电路的集成块型号数不胜数,一台液晶彩色电视机,由几块(几片)集成块组成整机电路来完成遥控、音视频信号的处理,在行业中把这几块集成块组成的特定电路称为机芯系列。

从整机结构上来说机芯就是电路板(或电路图)的主要构成元件,一般指"主板所采用的芯片方案",不包括其他部件(电源等),最主要的是所用集成块(芯片)的类别,如国内长虹、康佳、TCL 等组装厂商按自己的喜好打上各自的机芯编号,长虹 LS10、LS12,TCL 的MS181、MS28、MS81L 等都是机芯的归类。系列是超级芯片的派生类型,它在第一次超级芯片的基础上进行改进、完善、补充新的电路或功能,大部分电路没有发生变化。

掌握和了解液晶彩电的机芯方案对维修有极大的帮助,因为很多不同厂家和不同型号液晶彩电所采用的电路方案和电路结构基本是相似的。

液晶彩电的图像处理电路主要由"高中频电路+视频解码电路+主控电路(图像缩放电路)+CPU"组成,液晶彩电的机芯主要按照"视频解码 + 主控电路 +CPU"进行分类。

视频解码电路主要是对全电视信号进行解码;视频主控电路又称为图像缩放电路或格式变换电路,主要由隔行 - 逐行变换(去隔行处理)电路、图像缩放电路等组成。对于视频主控电路的构成,既有功能单一的芯片,也有集多种功能于一体的多功能芯片,还有将所有液晶彩电视频处理功能集成于一体并集成有 MCU 的超级芯片,从而形成了复杂多变的液晶彩电机芯和电路构成方案。

| 解码芯片(模拟或数字)+ 去隔行处理芯片 + 图像缩放芯片 +CPU 机芯 | | |
|---|---|---|
| 模拟解码芯片 | TDA9321 | 最早期的组合方案,也是最复杂的组合方案,这种方案中,每一个功能电路都由一个芯片来担任 |
| 数字解码芯片 | VPC3230、SAA711X | |
| 去隔行处理芯片 | FL12200、FL12300、FL12310 | 解码芯片既可以用模拟的,也可以用数字的 |
| 图像缩放芯片 | JAGASM、GM5221 | |

| 模拟解码芯片 + 去隔行处理芯片 / 图像缩放芯片 /CPU 机芯 | | |
|---|---|---|
| 模拟解码芯片 | OM8838、TB1261、TB1274AF、LA76930 | 把模拟解码芯片、去隔行处理芯片、图像缩放芯片和 CPU 集成为一个主芯片 |
| 去隔行处理芯片 / 图像缩放芯片 /CPU 芯片 | PW112、PW113、PW130、PW166、PW181、PW1306、PW318、GM1501、GM1601、GM2221 | |

| 模拟解码超级芯片 + 去隔行处理芯片 / 图像缩放芯片机芯 | | |
|---|---|---|
| 模拟解码超级芯片 | TDA9370、TMP8809、uOC Ⅲ | 飞利浦的 uOC Ⅲ 主要有 TDA120XX、TDA150XX 等系列 |
| 去隔行处理芯片 / 图像缩放芯片 | GM5010、GM5020、MST5151、MST5251、MST61510、MST5251DA、MST518、RTD2557、RTD2620 | |

| 数字视频解码芯片 + 去隔行芯片 + 去隔行 / 图像缩放 /CPU 芯片机芯 | | |
|---|---|---|
| 视频解码芯片 | SAA711XX、VPC3230D、TVP5147 | 电路中不再设置 CPU |
| 去隔行处理芯片 | FLI12300、PW1220、PW1230、PW1231、PW1232 | |
| 去隔行处理芯片 / 图像缩放芯片 /CPU 芯片 | PPPPW112、PW113、PW130、PW166、PW181、PW1306、PW318、GM1501、GM1601、GM2221 | |

| 全功能超级芯片机芯 | | |
|---|---|---|
| 超级芯片 | MT8200、MT8201、MT8202、MST718BU、MST96889、MST9U88LB、MST9U89AL、TDA155XX、FL18125、FLI18532、FLI8548、PLI8668、PW106、PW328 | 整个视频处理电路和控制电路由一片芯片集成 |

# 实战篇

实战的维修和调试是一项专业技能，维修人员不但要有扎实的理论知识，而且还需具备丰富的实际操作经验。因此，要求维修人员在安全的前提下，熟练掌握规范的操作技能和各种维修手段。通过本篇的学习，读者可以对液晶电视机的故障"对症下药"，快速地排除各种疑难故障，使具体的维修操作更加顺利。

# 第2章

# 液晶电视机基本维修技能

## 2.1 焊接与拆焊

### ▶ 2.1.1 实战1——导线的焊接工艺

#### ① 剥线

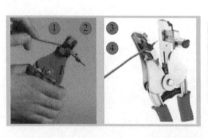

① 根据缆线的粗细型号，选择相应的剥线刀口。
② 将准备好的电缆放在剥线工具的刀刃中间，选择好要剥线的长度。
③ 握住剥线工具手柄，将电缆夹住，缓缓用力使电缆外表皮慢慢剥落。
④ 松开工具手柄，取出电缆线，这时电缆金属整齐露在外面，其余绝缘塑料完好无损。

用手转动导线

第2种剥线方法：通电的电烙铁剥线。
用通电的电烙铁头对着需要剥离的导线进行划剥，另一只手同时转动导线，把导线划出一道槽，最后用手剥离导线。
导线若原来已经剥离了，最好剪掉原来的，因为原来的往往已经有污垢或氧化了，不容易吃锡。

**② 导线吃锡（镀锡）**

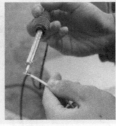

吃锡后的导线头若有些过长，可适当剪去一些。

导线先进行吃锡，是为了方便之后的焊接。剥离的导线头可以放在松香盒中或直接拿在手中吃锡。

**③ 导线的焊接**

进行焊接

焊接完成

导线头对准所要焊接的部位，一般采用带锡焊接法进行焊接。

焊接完成后，手不要急于脱离导线，待焊点完全冷却后，手再撤离，这样做是为防止接头出现虚焊。

## ▶ 2.1.2　实战2——元件的焊接工艺

**① 焊接前工具、器材的准备**

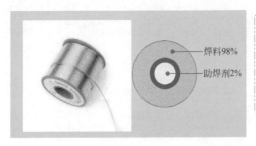

焊料98%
助焊剂2%

手工烙铁焊接经常使用管状焊锡丝(又称线状焊锡、焊锡)。管状焊锡丝由助焊剂与焊锡制作在一起做成管状，焊锡管中夹带固体助焊剂。助焊剂一般选用特级松香为基质材料，并添加一定的活化剂。

助焊剂有助于清洁被焊接面，防止氧化，增加焊料的流动性，使焊点易于成形，提高焊接质量。

**② 焊前焊件的处理**

测量就是利用万用表检测准备焊接的元器件是否质量可靠，若有质量问题或已损坏，就不能焊接、更换了。

❶ 测量元器件的好坏

刮引脚就是在焊接前做好焊接部位的表面清洁工作。对于引脚没有氧化或污垢的新元件可以不做这个处理。

一般采用的工具是小刀、橡皮擦或废旧钢锯条(用折断后的断面)等。

❷ 刮引脚

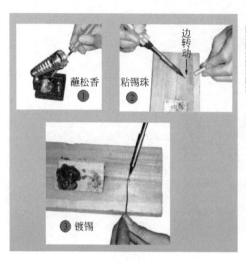

镀锡的具体做法是：发热的烙铁头蘸取松香少许(或松香酒精溶液涂在镀锡部位)，再迅速从储锡盒粘取适量的锡珠，快速将带锡的热烙铁头压在元器件上，并转动元器件，使其均匀地镀上一层很薄的锡层。

❸ 镀锡

③ 镀锡

### ③ 焊接技术

手工焊接方法常有送锡法和带锡法两种。

送锡焊接法，就是右手握持电烙铁，左手持一段焊锡丝而进行焊接的方法。送锡焊接法的焊接过程通常分成五个步骤，简称"五步法"，具体操作步骤如下。

烙铁头
焊锡丝
焊盘
基板
元件引脚

(a) 准备施焊

准备阶段应观察烙铁头吃锡是否良好，焊接温度是否达到，插装元器件是否到位，同时要准备好焊锡丝。

右手握持电烙铁，烙铁头先蘸取少量的松香，将烙铁头对准焊点(焊件)进行加热。加热焊件就是将烙铁头给元器件引脚和焊盘同时加热，并要尽可能加大与被焊件的接触面，以提高加热效率、缩短加热时间，保护铜箔不被烫坏。

(b) 加热焊件

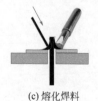

(c) 熔化焊料

当焊件的温度升高到接近烙铁头温度时，左手持焊锡丝快速送到烙铁头的端面或被焊件和铜箔的交界面上，送锡量的多少，根据焊点的大小灵活掌握。

适量送锡后，左手迅速撤离，这时烙铁头还未脱离焊点，随后熔化的焊锡从烙铁头上流下，浸润整个焊点。当焊点上的焊锡已将焊点浸湿时，要及时撤离焊锡丝，不要让焊盘出现"堆锡"现象。

(d) 移开焊料

送锡后，右手的烙铁就要做好撤离的准备。撤离前若锡量少，再次送锡补焊；若锡量多，撤离时烙铁要带走少许。烙铁头移开的方向以45°为最佳。

(e) 移开电烙铁

带锡焊接方法

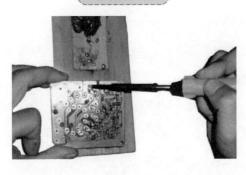

① 烙铁头上先蘸适量的锡珠，将烙铁头对准焊点(焊件)进行加热。
② 当烙铁头上熔化后的焊锡流下时，浸润到整个焊点时，烙铁迅速撤离。
③ 带锡珠的大小，要根据焊点的大小灵活掌握。焊后若焊点小，再次补焊；若焊点大，用烙铁带走少许。

## 2.1.3　实战3——拆焊工艺

常见的拆焊工具有以下几种：医用空心针头、金属编织网、手动吸锡器、电热吸锡器、电动吸锡枪、双用吸锡电烙铁等。

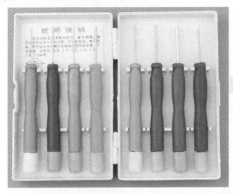

整盒针头

❶ 空心针头

使用时，要根据元器件引脚的粗细选用合适的空心针头，常备有9～24号针头各一只，操作时，右手用烙铁加热元器件的引脚，使元件引脚上的锡全部熔化，这时左手把空心针头左右旋转刺入引脚孔内，使元件引脚与铜箔分离，此时针头继续转动，去掉电烙铁，等焊锡固化后，停止转动并拿出针头，就完成了脱焊任务。

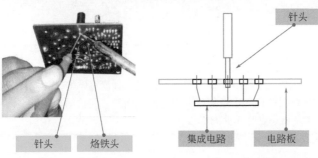

针头　　烙铁头

针头

集成电路　　电路板

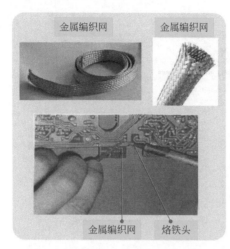

② 金属编织网

用金属编织线或多股铜线作为吸锡器，先用电烙铁把焊点上的锡熔化，使锡转动移到编织网线或多股铜线上，并拽动网线，各脚上的焊锡即被网线吸附，从而使元件的引脚与线路脱离。当网线吸满锡后，剪去已吸附焊锡的网线。金属编织吸锡网市场有专售，也可自制，自制方法是：取一段钢丝网（如屏蔽网），拉直后浸上松香即可。

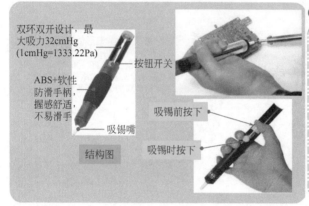

③ 手动吸锡器

使用时，先把吸锡器末端的滑杆压入，直至听到"卡"声，则表明吸锡器已被锁定。再用烙铁对焊点加热，使焊点上的焊锡熔化，同时将吸锡器靠近焊点，按下吸锡器上面的按钮即可将焊锡吸上。若一次未吸干净，可重复上述步骤。在使用一段时间后必须清理，否则内部活动的部分或头部被焊锡卡住。

## ▶2.1.4 实战4——热风枪的使用

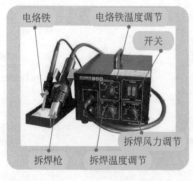

| 热风枪特点、使用及注意事项 | |
| --- | --- |
| 特点 | 热风拆焊器是新型锡焊工具，主要由气泵、印制电路板、气流稳定器、外壳和手柄等部件组成。它用喷出的高热空气将锡熔化，优点是焊具与焊点之间没有硬接触，所以不会损伤焊点与焊件，最适合高密度引脚及微小贴片元件的焊接 |

续表

| 热风枪特点、使用及注意事项 | |
|---|---|
| 特点 | ❶ 瞬间可拆下各类元器件，包括分立、双列及表面贴片<br>❷ 热风头不用接触印制电路板，使印制电路板免受损伤<br>❸ 所拆印制电路板过孔及器件引脚干净无锡（所拆处如同新印制电路板），方便第二次使用<br>❹ 热风的温度及风量可调，可适用于各类印制电路板<br>❺ 一机多用，热风加热，拆焊多种直插、贴片元件，适用于热缩管处理、热能测试等多种需要热能的场合 |
| 焊接技巧 | ❶ 在焊接时，根据具体情况可选用电烙铁或热风枪。通常情况下，元件引脚少、印制板布线疏、引脚粗等选用电烙铁；反之，选用热风枪<br>❷ 在使用热风枪时，一般情况下将风力旋钮（AIR CAPACITY）调节到比较小的位置（2～3挡），将温度调节旋钮（HEATER）调到刻度盘上 5～6 挡的位置<br>❸ 以热风枪焊接集成电路（集成块）为例，把集成电路和电路上焊接位置对好，若原焊点不平整（有残留锡点）选用平头烙铁修理平整。先焊四角，以固定集成电路，再用热风焊枪吹焊四周。焊好后应注意冷却，在未冷却前不要去动集成电路，以免其发生位移。冷却后，若有虚焊，应用尖头烙铁进行补焊 |
| 热风头使用 | 电源开关打开后，根据需要选择不同的风嘴和吸锡针，并将热风温度调节按钮 "HEATER"调至适当的温度，同时根据需要再调节热风风量调节按钮 "AIR CAPACITY"调到所需风量，待预热温度达到所调温度时即可使用<br>若短时不用热风头，应将热风风量调节按钮 "AIR CAPACITY"调至最小、热风温度调节按钮 "HEATER"调至中间位置，使加热器处在保温状态，再使用时调节热风风量调节按钮和热风温度调节按钮即可<br>注意：针对不同封装的集成电路，应更换不同型号的专用风嘴；针对不同焊点大小，选择不同温度风量及风嘴距板的距离 |
| 拆卸技巧 | 在拆卸时根据具体情况可选用吸锡器或热风枪<br>以热风枪拆卸集成电路为例，步骤如下：<br>❶ 根据不同的集成电路选好热风枪的喷嘴，然后往集成电路的引脚周围加注松香水<br>❷ 调好热风温度和风速。通常经验值为温度 300℃，气流强度 3～4m/s<br>❸ 当热风枪的温度达到一定程度时，把热风枪头放在所焊下的元件上方大概 2cm 的位置，并且沿所焊接的元件周围移动。待集成电路的引脚焊锡全部熔化后，用镊子或热风枪配备的专用工具将所集成电路轻轻用力提起 |
| 注意事项 | 使用前，应将机箱下面最中央的红色螺钉拆下来，否则会引起严重的问题<br>使用前，必须接好地线，以泄放静电<br>禁止在焊铁前端网孔放入金属导体，否则会导致发热体损坏及人体触电<br>在热风焊枪内部，装有过热自动保护开关，枪嘴过热保护开关自动开启，机器停止工作。必须把热风风量按钮 AIR CAPACITY 调至最大，延迟 2min 左右，加热器才能工作，机器恢复正常<br>使用后，要注意冷却机身。关电后，发热管会自动短暂喷出冷风，在冷却阶段，不要拔去电源插头<br>不使用时，请把手柄放在支架上，以防意外 |

## 2.2 液晶电视机故障判断与检查方法

### ▶ 2.2.1 实战5——询问与观察法在检修中的应用

| 询问法 |
| --- |
| 　在接故障的待修机时，首先必须向电视机用户了解情况，询问故障发生的现象、经过、使用环境、出现的频率及检修情况等，这就是询问法 |
| 　询问法就是仔细听取用户反映彩电使用情况和对相关故障的叙述，因用户最了解详细情况。详细询问用户故障发生前后彩电的表现情况，做到心中有数，这有利于判断故障部位，对锁定目标元器件非常有帮助，为迅速解决问题创造有利条件 |

　　例如，初期故障现象的具体情况，是否存在其他并发症状，是逐渐发生的还是突然出现的，或是有无规律间歇出现的等。这些情况的了解将有助于检修工作，可以节省很多维修时间，犹如医生对病人诊病一样，先要问清病情，才能对症下药。使用情况和检修史的了解，对于检修外因引起的故障，或经他人维修而未修复的彩电尤为重要。根据用户提供的情况和线索，再认真地对电路进行分析研究（这一点对初学者尤其重要），弄通弄懂其电路原理和元器件的作用，做到心中有数，有的放矢。

　　维修工作通常由观察故障现象开始，通过询问了解故障发生的经过、现象及彩电使用、检修情况，再经仔细观察和外部检查，试机验证用户的叙述后，确认故障现象并用简明语言（或行话）将故障现象准确地描述出来。

| 观察法 |
| --- |
| 　观察法就是在询问的基础上，进行实际观察。观察法又称直观检查法，主要包括看、听、闻、查、摸、振等形式 |
| ❶ 看　观察电视机或部件、外部结构等。观察时应遵循先外而后内，先不通电而后通电的原则，即先观看各种按钮、指示灯、输出、输入插头等，而后再打开后壳看内部，保险管是否烧毁，元器件是否有烧焦、炸裂，插排、插头是否接触良好等。<br>　先看电视外壳有无损伤或各操作按键有无残缺不全，若有此情况，表明是人为性故障；然后打开后盖，观察机内元件有无残缺、断线、脱焊、变色、变形及烧坏等情况。肉眼观察烧黑的地方，看有无连接线松动及元器件击穿的情况 |
| ❷ 听　开机后细听机内是否有交流哼声、打火声、噪声及其他异常响声 |
| ❸ 闻　用鼻子闻机内有无烧焦气味、变压器清漆味等。如闻到机内散发出一种焦臭味，则可能为大功率电阻及大功率晶体管等烧毁；如闻到一种鱼腥味，则可能为高压部件绝缘击穿等 |
| ❹ 查　细查保险、电源线是否断，印制板是否断裂或损坏，元器件引脚是否相碰、断线或脱焊，印制板上原来维修过什么部位等 |
| ❺ 摸　通电一段时间关机后，摸大电流或高电压元器件是否为常温、有温升或烫手，如电源开关管、大功率电阻，若常温表明可能没有工作；若有温升，表明已经工作；若特别烫手，表明工作电流大，可能有故障<br>　用手触摸关键部件，观察供电部分发热情况（数字板）；特别是对老化几小时后出现的软故障情况比较实用 |

续表

| 观察法 |
|---|
| ❻ 振　在通电的情况下，轻轻用螺丝刀的木柄敲击被怀疑的单元电路或部件，看故障是否出现 |
| 观察法的具体过程如下：<br>❶ 先了解故障情况　检修液晶彩电时，不要急于通电检查。首先应向使用者了解彩电故障前后的使用情况（如故障发生在开机时，还是在工作中突然或逐渐发生的，有无冒烟、焦味、闪光、发热现象；故障前是否动过开关、按钮、插件等）及气候环境情况。<br>❷ 外观检查　首先在不加电情况下进行通电前检查。检查按键、开关等是否正确，电线、电缆插头是否有松动，印制电路板铜箔是否有断裂、短路、断路、虚焊、打火痕迹，元器件有无变形、脱焊、相碰、烧焦、漏液、胀裂等现象，熔丝是否烧断或接触不良，开关变压器、电线有无焦味、断线等。<br>然后再通电检查。通电前检查如果正常或排除了异常现象后，就可通电检查。通电检查时，在开机的瞬间应特别注意指示灯、背光灯等是否正常，机内有无冒烟等；断电后开关模块外壳、开关变压器、集成电路等是否发烫。若均正常，即可进行测量检查。在通电检查时，动作要敏捷，注意力要高度集中，并且要眼、耳、鼻、手同时并用，发现故障后立即关机，防止故障扩大，同时，一定要注意人身安全 |
| 🔔 最后在确认无短路的情况下通电观察，是否是修机用户所描述的故障现象。去伪存真，防止使用者因操作不当而造成的假象，或使用者所描述的故障现象与实际故障现象不符<br>通过询问与观察，可以把故障发生的范围缩小到某个系统，甚至某个单元电路，接下来就需要借助各种仪表、工具，动手检查这部分电路。 |

## ▶ 2.2.2　实战6——电阻法在检修中的应用

| 电阻法 |
|---|
| 电阻检查法是利用万用表各电阻挡测量彩电集成电路、晶体管各脚和各单元电路的对地电阻值，以及各元件的自身电阻值来判断彩电的故障。它对检修开路或断路故障和确定故障元件最有实效 |
| ❶ 电阻法判断测量元器件　电路中的元器件质量好坏及是否损坏，绝大多数是用测量其电阻阻值大小来进行判别的。当怀疑印制电路板上某个元器件有问题时，应把该元器件从印制板上拆焊下来，用万用表测其电阻值，进行质量判断。若是新元器件，在上机焊接前一定要先检测，后焊接<br>适用于电阻法测量的元器件有：各种电阻、二极管、三极管、场效应管、插排、按键及印刷铜箔等。电容、电感要求不严格的电路，可做粗略判断；若电路要求较严格，如谐振电容、振荡定时电容、开关变压器等，一定要用电容表（或数字表）等做准确测量 |
| ❷ 正反电阻法　裸式集成电路（没上机前或印制板上拆焊下）可测其正反电阻（开路电阻），粗略地判断故障的有无，是判断集成块好坏的一种行之有效的方法<br>测量完毕后，就可对测量数据进行分析判断。如果是裸式测量，各端子（引脚）电阻约为0Ω或明显小于正常值，可以肯定这个集成电路击穿或严重漏电；如果是在机（在路）测量，各端子电阻约为0Ω或明显小于正常值，说明这个集成块可能短路或严重漏电，要断开此引脚再测空脚电阻后，再做结论。另外也可能是相关外围电路元件击穿或漏电 |
| ❸ 在路电阻法　在路电阻法是在不加电的情况下，用万用表测量元器件电阻值来发现和寻找故障部位及元件。它对检测开路或短路故障以及确定故障元件最有实效。实际测量时可以做"在路"电阻测量和裸式（脱焊）电阻测量。如测量电源插头端正反向电阻，将它和正常值进行比较，若阻值变小，则有部分元器件短路或击穿；若电阻值变大，可能内部断路<br>在路电阻法在粗略判断集成电路（IC）时，也是行之有效的一种方法，IC的在路电阻值通常厂家是不给出的，只能通过专业资料或自己从正常同类机上获得。如果测得的电阻值变化较大，而外部元件又都正常，则说明IC相应部分的内电路损坏 |

| 电阻法 |
|---|
| (((•)) 在路电阻法和整机电阻法在应用时应注意测量某点电阻时，如果表针快速地从左向右，之后又从右向左慢慢移动，这是测量点有较大的电容之故。这种情况是电容充放电。遇到这种情况，要等电容充放电完毕后，再读取电阻值，即表针停止移动，再看电阻值为多少。一般情况下电路中有较大充电现象存在的测量点不会存在漏电与短路故障，尤其是测量之初表针快速从最左打到最右，之后慢慢从右向左移动的情况。 |

## ① 正反电阻法具体操作方法

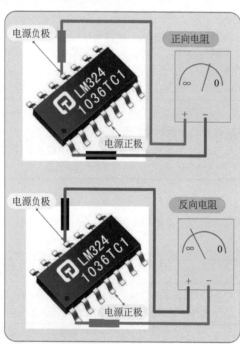

本书在没有特殊说明的情况下，正反向电阻测量是指：黑表笔接测量点，红表笔接地，测量的电阻值叫作正向电阻；红表笔接测量点，黑表笔接地，测量的电阻值叫作反向电阻。使用开路电阻测量时，应选择合适的连接方式，并交换表笔做正反两次测量，然后分析测量结果才能做出正确的判断。

测正向电阻时，红表笔固定接在地线的端子上不动，用黑表笔按顺序(或测几个关键脚)逐个测量其他各脚，且一边做好记录数据。测反向电阻时，只需交换一下表笔即可。

## ② 在路电阻法具体操作方法

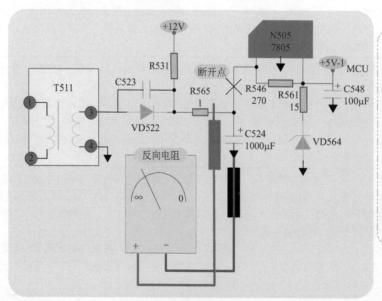

在路电阻法在检修电源电路故障时，较为快速有效。如电源电压(整流滤波后、稳压后)不正常，输出电压偏低许多，这里就要判断是电源电路本身有故障，还是后级负载有短路情况发生，具体操作方法如下：① 测该输出端对地的正反电阻，记下数据；② 脱开负载(脱开限流电阻或划断铜箔)，再测该输出端对地的正反电阻，记下数据同第一次测量结果做比较。若第二次测量结果数值增大，说明后级负载有短路。

## ➤ 2.2.3 实战 7——电压法在检修中的应用

| 电压法 |
|---|
|   电压检查法是通过测量电路的供电电压或晶体管的各极、集成电路各脚电压来判断故障的。因为这些电压是判断电路或晶体管、集成电路工作状态是否正常的重要依据。将所测得的电压数据与正常工作电压进行比较，根据误差电压的大小，就可以判断出故障电路或故障元件。一般来说，误差电压较大的地方，就是故障所在的部位 |
|   按所测电压的性质不同，电压法常有：直流电压法和交流电压法。直流电压法又分静态直流和动态直流电压两种，判断故障时，应结合静态和动态两种电压进行综合分析 |
| ❶ 静态直流电压  静态是指电视机不接收信号条件下的电路工作状态，其工作电压即静态电压。测量静态直流电压一般用检查电源电路的整流和稳压输出电压、各级电路的供电电压、晶体管各极电压及集成电路各脚电压等来判断故障。因为这些电压是判断电路工作状态是否正常的重要依据。将所测得的电压与正常工作电压进行比较，根据误差电压的大小，就可判断出故障电路或故障元件 |
| ❷ 动态直流电压  动态直流电压便是电视机在接收信号情况下电路的工作电压，此时的电路处于动态工作之中。电路中有许多端点的静态工作电压会随外来信号的进行而明显变化，变化后的工作电压便是动态电压。显然，如果某些电路应有这种动态、静态工作电压变化，而实测值没有变化或变化很小，就可立即判断该电路有故障。该测量法主要用来检查判断仅用静态电压测量法不能或难以判断的故障 |
| ❸ 交流电压法  在电视机维修中，交流电压法主要用在测量整流器之前（或开关变压器的次级绕组）的交流电路中。在测量中，前一测试点有电压且正常，而后一测试点没有电压，或电压不正常，则表明故障源就在这两测试点的区间，再逐一缩小范围排查 |
|   📢 在测量过程中，一定要注意人、机（万用表、电视机）的安全，并根据实际电压的范围，合理选择万用表的挡位转换。在转换挡位时，一定不要在带电的情况下进行转换，至少一表笔应脱离测试点 |
| ❹ 关键测试点电压  一般而言，通过测试集成块的引脚电压、三极管的各极电压，有可能知道各个单元电路是否有问题，进而判断故障原因、找出故障发生的部位及故障元器件等 |
|   所谓关键测试点电压，是指对判断电路工作是否正常具有决定性作用的那些点的电压。通过对这些点电压的测量，便可很快地判断出故障的部位，这是缩小故障范围的主要手段 |

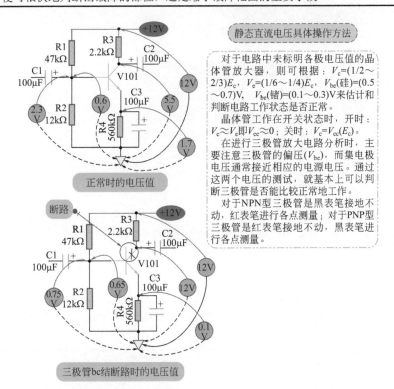

正常时的电压值

三极管bc结断路时的电压值

静态直流电压具体操作方法

对于电路中未标明各极电压值的晶体管放大器，则可根据：$V_c=(1/2\sim2/3)E_c$，$V_e=(1/6\sim1/4)E_c$，$V_{be}(硅)=(0.5\sim0.7)$V，$V_{be}(锗)=(0.1\sim0.3)$V来估计和判断电路工作状态是否正常。

晶体管工作在开关状态时，开时：$V_c\approx V_e$即$V_{ce}\approx0$；关时：$V_c=V_{ce}(E_c)$。

在进行三极管放大电路分析时，主要注意三极管的偏压（$V_{be}$），而集电极电压通常接近相应的电源电压。通过这两个电压的测试，就基本上可以判断三极管是否能比较正常地工作。

对于NPN型三极管是黑表笔接地不动，红表笔进行各点测量；对于PNP型三极管是红表笔接地不动，黑表笔进行各点测量。

## ▸ 2.2.4　实战 8——电流法在检修中的应用

| 电流维修法 |
| --- |
| 　　电流维修法是通过测量晶体管、集成电路的工作电流，局部单元电路的总电流和电源的负载电流来判断电视机故障的<br>　　一般来说，电流值正常，晶体管及集成电路的工作就基本正常；电源的负载电流正常则负载中就没有短路性故障。若电流较大说明相应的电路有故障 |
| 　　电流法的具体操作方法与技巧：<br>　　测量电流的常规做法是要切断电流回路串入电流表，有保险座时宜取下保险管把表串入电路直接测量。电流维修法适合检查整机工作电流、短路性故障、漏电或软击穿故障。采用电流维修法检测电视机电路故障时，可以迅速找出开关管、开关变压器、集成电路短路性故障，也是检测电视机电路工作状态的常用手段 |

### ① 整机电流测量方法

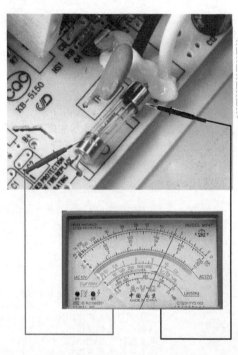

测量前先估算一下整机电流。
用万用表测量整机电流时，可取下保险管，把万用表的两只表笔串入两保险座中，然后开机测量。

| 🔔 在电视机出现故障时，整机电流一般都会有如下变化 |
| --- |
| ❶ 电流偏小。若实测电流比估算值小一半以上，说明负载工作不正常，如电源本身损坏、背光灯驱动电路有故障等，可能发生断路性故障较大 |
| ❷ 电流偏大。实测电流偏大 1A 以上，甚至更大时，往往内部电路有短路情况发生。这种情况，应认真仔细排查 |

## ② 负载电流测量法

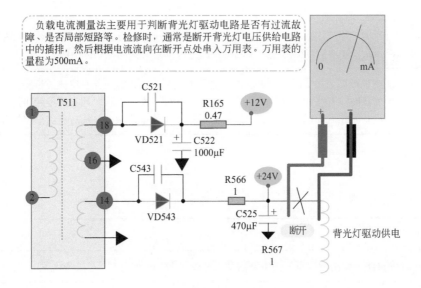

负载电流测量法主要用于判断背光灯驱动电路是否有过流故障、是否局部短路等。检修时，通常是断开背光灯电压供给电路中的插排，然后根据电流流向在断开点处串入万用表。万用表的量程为500mA。

| 负载电流测量法的应用 |
| --- |
| 测量负载电流的目的：<br>　测量负载电流的目的是检查、判断负载中是否存在短路、漏电及开路故障，同时也可判断故障在负载还是电源。应注意的是，电源一般有多路电压输出和相应的负载，测量时应考虑到各负载支路电流对总电流的影响。一般先测量容易发生故障的支路电流。若需检查总负载电流是否正常，则可以测量所有负载回路的电流，然后将各路电流相加即可 |
| 测量结果与说明的问题如下：<br>❶ 测量时表针快速从最左端打到最右端说明后级有严重的击穿或短路故障<br>❷ 无电流即表针不动，这表明所测量的后级电路就没有工作 |

## ▶ 2.2.5　实战9——其他法在检修中的应用

### ① 加热法与冷却法

| 加热法与冷却法 | |
| --- | --- |
| 加热法与冷却法 | 有些故障，只有在开机一定时间后才能表现出来，这种情况一般是由某个元器件的热稳定性差、软击穿或漏电所引起。经过分析，推断出被怀疑元件，通过给被怀疑的元器件加热或冷却，来诱发故障现象尽快出现，以提高检修效率，节约维修时间，缩小故障范围 |
| 加热法具体操作方法 | 当开机没有出现故障时，用发热烙铁或热吹风机对被怀疑的元器件进行提前加热，如元件受热后，故障现象很快暴露出来了，则该元件为故障器件 |

| 加热法与冷却法 | |
|---|---|
| 冷却法具体操作方法 | 当开机故障出现后，用镊子夹着带水的棉球或喷冷却剂，给被怀疑的元器件进行降温处理，如元件降温后，故障排除了，则该元件或与之有关的电路为故障源 |
|  | ① 在进行局部加热时，加热的温度要严加控制，否则好元件有可能被折腾坏<br>② 加热时，有些元件只能将电烙铁头靠近元件，而不能长时间直接接触烘烤<br>③ 冷却时，忌棉球水长流、水跌落到其他元件或电路板上，造成新的短路性故障 |

## ② 干扰法

干扰维修法又称触击法、碰触法、人体感应法等。

| 干扰法 | |
|---|---|
| 适用 | 干扰维修法主要用于检查有关电路的动态故障，即交流通路的工作正常与否 |
| 具体做法 | 用手握起子或镊子的金属部位去触击关键点焊盘，即晶体管的某电极或集成电路的某输出输入引脚或某关键元器件的引脚，触击的同时，通过观察荧光屏图像（或杂波）和喇叭中的声音（或噪声）的反应，来判断故障。此法最适合检查高、中频通道及伴音通道等，检查的顺序一般是从后级逐步向前级检查，检查到无杂波反应和噪声的地方，那么在这点到前一检查点之间就是大致的故障部位 |
| 增强信号 | 如果用起子触击时反应不明显，可改用指针式万用表表笔触击，即将万用表置于 $R \times 1$ 或 $R \times 10$ 挡，红表笔接地，用黑表笔触击电路的焊盘。也可采用外接天线的信号线作为探极，来触击焊盘。这样做会使输入的信号更强些，反应会更加明显 |
|  | ① 在运用此法时应注意安全，不熟悉电路的维修人员最好不要用；同时，在碰触过程中，不要与其他焊盘短路而引起新的短路性故障<br>② 荧光屏上和喇叭中的反应程度因机型或触击点而异，只有积累一定的经验之后，使用起来才会得心应手<br>③ 该方法检查时隐时现或接触不良的故障也很有效。它既可以使故障快速出现，又可能使故障立即消失，便于即时检查和排除故障<br>④ 必要时，应解除无信号静噪或伴音静噪，即脱开无信号静噪或伴音静噪的控制电路 |

## ③ 敲击法

敲击诊断维修法又称敲击法、摇晃法，该方法是检查虚焊、接触不良性故障行之有效的手段。

| 敲击法 | |
|---|---|
| 适用 | 彩电出现接触不良性故障，常表现为时正常时不正常：有时短时间频繁出现、有时长时间不出现、拍打机壳或机板出现时好时坏；有时打开机壳就好，盖上机壳又出现故障等。遇到上述种种情况，就必须人为地使故障频繁地重新出现，以便于快速确定故障范围和部位 |

续表

| 敲击法 | |
|---|---|
| 具体做法 | 手握起子的金属部位，用其绝缘柄有目的地轻轻敲打所怀疑的部位，使故障再次出现。当敲击某部分时，故障现象最频繁、灵敏，则故障在这个部位的可能性就最大。当发现该部位造成故障的可能性较大后，可用手指轻轻摇晃、按压怀疑的元器件，以找到接触不良的部位；也可采用放大镜仔细观察印制电路板上的焊盘是否脱焊、铜箔是否断裂、插排是否接触良好等。必要时，也可用两手轻轻弯折电路板，以观察故障的变化情况 |
|  | ❶ 注意人身安全。有些部位或元器件属于高电压范围，在具体操作时应注意人机的安全问题<br>❷ 敲击时应注意用力的适度，防止用力过大而敲坏元器件造成该元件永久性损坏，或敲斜元器件使其与相邻元器件相碰造成短路现象发生<br>❸ 某些部件或部位的敲击、摇晃要慎之又慎。如显像管的尾板安装在电子枪上时，注意敲击或摇晃尾板造成显像管炸裂 |

## ④ 代换法

代换法主要有等效代换法、元件代换法和单元电路整体代换法。

| 代换法 | |
|---|---|
| 元件代换法 | 元件代换法是用规格相近、性能良好的元件，代替故障机上被怀疑而又不便测量的元件、器件来检查故障的一种方法。如果将某一元件替代后，故障消除了，就证明原来的元件确实有毛病；如果代替无效，则说明判断有误，或同时还有造成同一故障的元件存在。这时可重复使用此法检查 |
| 等效代换法 | 等效代换法是在大致判断了故障部位后还不能确定故障的原因时，对某些不易判断的元器件故障（如电感局部短路、集成电路性能变差等），用同型号或能互换的其他型号的元器件或部件进行代换。在缺少测量仪器仪表时，往往用等效代换法能迅速排除故障 |
| 单元电路整体代换法 | 当某一单元电路的印制板严重损坏（如铜箔断裂较严重或印制板烧焦），或某一元器件暂时短缺，而又具备其他代换条件，可采用单元电路整体代换法。如用电源模块代换开关电源等<br>有条件的情况下，可以代换电源板、数字板、高频板、背光板、屏、LVDS 数据线、软件等，这种方法维修快 |
|  | ❶ 代换的元器件应确认是良好的，否则将会造成误判而走弯路<br>❷ 对于因过载而产生的故障，不宜用该方法，只有在确信不会再次损坏新元器件或已采取保护措施的前提下才能代换 |

## ⑤ 波形法

| 波形法 | |
|---|---|
| 优点 | 检修液晶彩电，不能简单用万用表测量芯片各脚电压来判断芯片工作是否正常；也无法用普通示波器对 SDA 线与 SCL 线上的波形时序参数进行定量分析，这是因为总线通道波形的即时周期不一样，普通示波器也无法清晰稳定地显示波形轨迹。因此，很难判断信号数据是否正常传送，各智能总线是否按原有的通信协议和 CPU 进行有效联络等。但有一点可以肯定，即示波器可以判断总线上有无信号存在和信号幅值是否正常 |

| 波形法 | |
| --- | --- |
| 适用 | 通常遇到黑屏、失控、难以进入机器维修状态的机子，无法用软件项目数据进行调整并做进一步检查时，应首先检查总线通道工作情况，可用示波器分别探查 CPU 和各受控 IC 的 SDA 端口和 SCL 端口有没有波形出现，其幅值是否符合要求。在此强调注意，检查各被控部件的 SDA 线和 SCL 线时，示波器探针必须直接触至该 IC 相关脚，免得引起误判。即使某些功能板的位置不便于测试，这步工作也应尽力去做。还应注意，当挂在 I²C 总线上控制组件之一损坏，影响到总线控制信号传递时，还可能引起其他控制组件失控，形成完全有悖于失效组件所涉及的故障 |
| 主要观察的波形 | 示波器可用来观察视频各种脉冲波形、幅度、周期和脉冲宽度，全电视信号波形、行场同步脉冲、行输出逆程脉冲等。通过对波形、幅度及宽度等的具体观察，便可确定某一部位的工作状态 |
| 测量的关键点 | 开关管集电极、基极；时钟振荡信号；伴音输出端；全电视信号输出端（预视放）；各激励、驱动电路输出等 |

## ⑥ 假负载法

| 假负载法 | |
| --- | --- |
| 判断范围 | 许多时候，检修液晶彩电是从测量各电源电压入手，当测得各组电压不正常时，就要判断故障在开关电源本身，还是在其他负载电路，这时，就需要接假负载，这是缩小故障范围的一条基本思路 |
| 假负载的大小 | 应根据开关电源的大小来选择，一般采用自制。例如，液晶电视待机电源电路的假负载，自制时，用一只 10 ～ 22Ω/3W 的电阻或 10W/12V 的灯泡作假负载 |
| 优点 | 用灯泡作假负载是彩电维修中最常用的维修方法之一，这种方法方便快捷、简单易行、显示直观明了。通过观察灯泡的亮度就可以大体估计出输出电压的高低，大部分液晶彩电机型都能直接接灯泡作假负载，其输出电压基本正常不变 |

## ⑦ 排除法

缩小检修范围，准确判断故障位置（如信号源部分、信号通道部分）。

## ⑧ 逻辑检修法

该方法要求对所修板件的信号流程、电源逻辑关系非常熟悉，可以确定维修的顺序是先从后级向前级检修，还是单一通道向公共通道检修等。

## ⑨ 满足法

先大体确定故障部位后，再检修部分电路的工作条件是否满足（特殊情况下可人为制造工作条件）。

## ⑩ 对比法

条件允许的情况下，可以对比好的板件进行检修，也可以对比同一板件上相同的电路（对称电路）来进行检修。

## ⑪ 先软件后硬件

软件涉及的故障范围广，但是需要检修的范围小，对于一些软故障，建议先升级软件。

检修彩电是一项技术性很强的工作，要提高检修效率，必须灵活运用各种检修方法。除了上述的几种方法之外，还有不少行之有效的方法，如模拟法、短路法、并联法等，这些方法在维修液晶彩电时都可以常用。

## 2.3 用万用表检测 IC 故障的技巧

### 2.3.1 集成电路的一般检测法

| 集成电路的一般检测法 | |
|---|---|
| 在路检测 | ❶ 测量各引脚电压　将测得的电压值与电路图中标注值进行比较，数值相差较大处就是故障点；排除外部元件损坏可能后，就表明 IC 的这一部分有故障。但要注意，有些引脚的电压在静态（无信号）和动态（有信号）的情况下是不同的<br>❷ 测量供电电流　测量时既可将万用表串入供电线路，也可用降压电阻上的电压来算出供电电流。若测得的电源电流较大（比电气特性规定的最大值还大），则是被测 IC 特性不良或已损坏<br>❸ 测量在路电阻　集成电路的在路电阻值通常厂家是不给出的，只能通过搜集或自己测量正常彩电获得。如果测得的电阻值变化较大，而外部元件又都正常的话，则说明 IC 相应部分的内容电路损坏。由于内外电路可能存在有单向导电的元件或等效的单向导电元件，所以须交换表笔做正反两次测量<br>❹ 测量输入、输出信号　如果 IC 的输入信号正常，在其工作条件正常的情况下而无输出信号，一般是 IC 损坏<br>❺ 手摸 IC（温升）检查　正常工作的集成电路，手摸上去一般不烫手。当集成电路损坏时，不仅电压、电阻、电流失常，而且温升也将失常；在供电电压正常的情况下，如果摸上去烫手，则表明 IC 有故障 |
| 脱焊检测 | ❶ 检测 IC 端子上的电阻、电压　为了防止误诊，当将 IC 的各脚脱焊取下来后，还要再检测 IC 各接脚端子的对地电阻和电压。这项测量的目的是进一步检查外部元件及电路是否有故障。根据测量的结果，结合该管的外部电路，就可以分析、判断外部电路是否有故障<br>❷ 测量各引脚或对公共端的电阻　通过测量单块集成电路各脚的电阻值，并与标称值比较，或结合内部电路进行分析，就可判断 IC 的好坏。测量时，应交换表笔做正反两次测量，然后分析所测结果，凡差别较大处，其内部相应的电路很可能已损坏<br>❸ 实装检测　如果有实验设备或装有插座的彩电，将被怀疑的 IC 替换上机，看图像或伴音、彩色是否正常，就能迅速判断 IC 是否有故障 |

### 2.3.2 检测集成电路的原则

| 检测集成电路的原则 | |
|---|---|
| ❶ 先测量 IC 的工作条件，后测量电压变化最大端 | 集成电路必须在正常工作条件下才能工作。因此，当初步判断故障与集成电路有关时，应先测量其工作条件电压是否正常。如果电源端电压过高或过低，那么其他各脚电压跟随变化也在情理之中，并非 IC 有毛病<br>📢 有些 IC 只有一个工作条件，就是正极、负极；而有些 IC 就有多个工作条件，例如超级芯片。有些 IC 只有正极、负极两个引脚，而有些 IC 正极、负极引脚有多个，要注意这一点<br>在电源供电正常情况下，就要再检测电压变化最大端子的内外电路。当然不能一发现某脚电压异常就肯定是 IC 损坏，更不能盲目更换集成电路，而应先查电源、查外部电路 |

续表

| 检测集成电路的原则 | |
|---|---|
| ② 先检查外，后检查内 | 当某一故障的原因既可能在 IC 内部本身，也可能是外部元件时，应先排除外部元件的故障，然后再判断 IC 故障。一般来说，不必追查 IC 内部电路到底是哪一个元件损坏，只要做到判断准确就可以了<br><br>在取下 IC 后，应再测量各端子对地的电阻值和电压值，复查外部元件是否正常，并注意检查印制板的铜箔是否断裂，防止误诊 |

## 2.4 液晶电视电路识图与拆装

### ▶ 2.4.1 液晶电视电路图的识读

液晶彩电电路原理图的特点是将一个整机电路绘制在多个图上，有些图甚至将其中的某一个或两个集成块进行分解，分别画在不同的图上，这样对于初学者来讲要想熟练识图有些困难，因此，应该从下面几个方面来逐步识图。

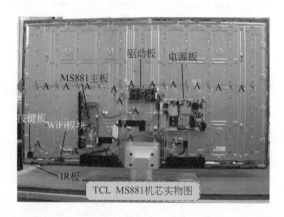

TCL MS881 机芯实物图

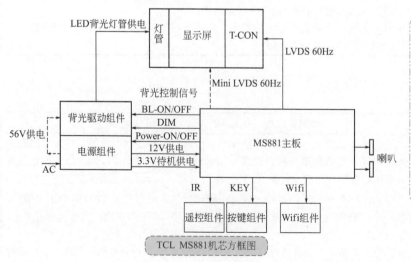

TCL MS881 机芯方框图

方框图是粗略反映液晶彩电整机线路的图形。因此在识读时，首先要理解各功能电路的基本作用，然后再搞清信号的走向。如果单元为集成电路，则还需了解各引脚的作用。

上图中的实物图对应的整机方框图如下图所示。整机方框图由7大方框图组成：主板、背光驱动组件和电源组件、灯管和显示屏及逻辑板(T-CON)、遥控组件、按键组件、Wifi组件、喇叭。

方框图是表示该整机液晶彩电是由哪些单元功能电路所组成的图。它也能表示这些单元功能是怎样有机地组合起来，以完成它的整机功能的。

方框图仅仅表示整个机器的大致结构，即包括了哪些部分。每一部分用一个方框表示，由文字或符号说明，各方框之间用线条连起来，表示各部分之间的关系。方框图只能说明机器的轮廓以及类型，大致工作原理，看不出电路的具体连接方法，也看不出元件的型号数值。

方框电路图一般是在分析某个液晶彩电的工作原理，介绍整机电路的概况时采用的。

由于液晶彩电是复杂的电子设备，由方框图先了解电路的组成概况，再与其电路图结合起来，就比较容易读懂电子电路图。

首先要了解该液晶彩电的主要作用、特点、用途和有关技术指标，然后依据方框图的特点进行识读，其识读方法有以下几种。

### ① 以控制电路或大方框为中心，顺着箭头向四周辐射读图

如下图所示，以 MS881 主板电路为中心分析主板的工作原理，然后以各单元电路背光显示板、遥控组件、按键组件、Wifi 组件、背光驱动组件和电源组件等，分析液晶彩电的整机信号流程。

### ② 以输入信号为起始点，顺着箭头读图，经过中间电路直到输出端

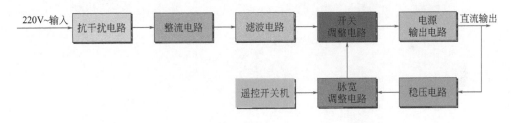

以输入信号为起始点，一般为从左到右，从上到下的顺序，顺着箭头读图。

### ③ 按照各功能、各流程识图

下图是长虹 LT32600 液晶彩电的开关电源组成方框图。从图中可以看出电路由 4 部分组成，分别是：电源输入电路、待机开关电源（副电源）、PFC 开关电源和主开关电源；然后再识读每部分（或单元电路）电路的组成。这种识读对故障的维修和分析有极大的帮助，可以很好、快速地对故障做出判断及排除 。本图与第 3 章中的原理图是一一对应的。

对于初学者或刚接触液晶彩电的读者，要以此图为基础来了解液晶彩电电源的工作原理，再对照第 3 章中的原理图，就可以达到举一反三的效果。

图表详解**液晶电视机维修实战**

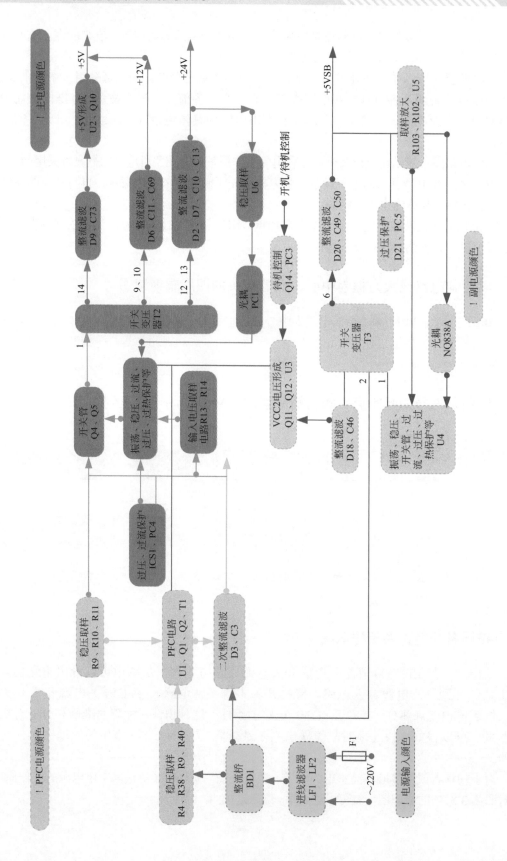

! 主电源颜色

! 副电源颜色

! PFC电源颜色

! 电源输入颜色

+5V

+12V

+24V

+5VSB

+5V形成 U2、Q10

整流滤波 D9、C73

整流滤波 D6、C11、C69

整流滤波 D2、D7、C10、C13

稳压取样 U6

开机/待机控制

取样放大 R103、R102、U5

过压保护 D21、PC5

整流滤波 D20、C49、C50

待机控制 Q14、PC3

光耦 NQ838A

光耦 PC1

开关变压器 T2

开关变压器 T3

开关管 Q4、Q5

振荡、稳压、过流、过压、过热保护等 U3

输入电压取样 电路R13、R14

VCC2电压形成 Q11、Q12、U3

整流滤波 D18、C46

振荡、稳压、过流、开关管、过压、过热保护等 U4

过压、过流保护 ICS1、PC4

14

9、10

12、13

1

2 1

6

稳压取样 R9、R10、R11

PFC电路 U1、Q1、Q2、T1

二次整流滤波 D3、C3

稳压取样 R4、R38、R9、R40

整流桥 BD1

进线滤波器 LF1、LF2

F1

~220V

032

**④ 要了解和掌握液晶彩电各组件电路之间的关系**

| | 液晶彩电各组件电路之间的关系 |
|---|---|
| 主板与开关电源之间的关系 | 主板电路要进入工作状态，需要开关电源提供正常的电源电压。开关电源要从待机状态进入正常工作状态，需要主板电路输出正常的开机/待机控制电压 |
| 主板与逻辑板之间的关系 | 逻辑板是主板电路的负载，逻辑板正常工作的外部条件是主板电路工作正常 |
| 主板电路与逆变器之间的关系 | 逆变器在强制情况下虽然进入工作状态，但在液晶电视内部，只有主板电路工作正常，有正常的启动控制电压加在逆变器上，逆变器才能启动工作状态 |
| 开关电源与逆变器之间的关系 | 逆变器的工作电压由开关电源提供，开关电源正常，有足够的电流输出是保证逆变器正常工作的必要条件 |
| 逆变器与背光灯之间的关系 | 背光灯作为逆变器的负载，虽然不存在短路的情况导致逆变器损坏，但背光灯不良会导致逆变器的过流、过压保护电路启动，使逆变器只能在开机瞬间工作，而在极短时间内停止工作 |
| 逻辑板与液晶屏之间的关系 | 逻辑板是为液晶屏内部的行、列驱动电路提供驱动信号的，屏内部的行、列驱动电路的工作状态受逻辑板输出的信号控制，逻辑板工作不正常，液晶屏要么出现光暗、无图像故障，要么图像不正常 |

**⑤ 掌握液晶电视原理图中电路标注符号的特点**

液晶电视中电路符号标注的特点与普通 CRT 彩电相比有很大不同，其特点是：一是主芯片部分引脚功能的标注具有数字信号特征，特别是其数字信号处理电路间的输入/输出接口更是如此；二是由于电路画在多张图纸上，信号的走向不再用线条与相关电路直接连接，而是以字母或词组进行描述；三是电路图上供电电压的标注基本上带有后缀。

如 +5V_STB，其后缀 "STB" 就代表了电视机不论工作在待机状态，还是正常工作状态，5V_STB 电压这一路都有 +5V 电压输出。

从上面的介绍可以看出，在没有集成块资料的情况下，要看懂一份电路原理图，首先要掌握液晶电视的基本结构和各部分电路的作用，如液晶电视信号处理电路中的控制系统电路、射频信号处理电路、变频电路、上屏信号形成电路等；其次要找出电路图上所标注在不同电路图上的相同符号，并将其联系起来。因为电路图上所标注的符号代表了信号的去向，故只要将其联系起来，主板电路的信号流程也就清楚了，信号流程清楚自然也能看懂电路的原理图了。看懂了电路原理图，维修起来也就容易多了。

## ▶ 2.4.2 实战 10——拆机步骤

| 长虹某型号液晶彩电的整机拆卸流程图 | | |
|---|---|---|
| 步骤 | 拆卸流程图 | 描述 |
| 准备 |  | 把液晶彩电平放在干净的柔软的平面上 |

图表详解**液晶电视机**维修实战

续表

| 步骤 | 拆卸流程图 | 描述 |
|------|-----------|------|
| 拆卸底座 | | 旋开红色圈中的 4 个螺钉，拆卸下底座 |
| 拆卸后盖 | | 旋开红色圈中的多个螺钉，拆卸下后盖 |
| 撕掉白色胶布并拔下引脚线 | | 拔下红色圈中的接口引脚线 |
| 拆卸主板和电源板 | | 旋开红色圈中的多个螺钉，拆卸下主板和电源板 |
| 拆卸喇叭 | | 旋开红色圈中的 4 个螺钉，拆卸下铁片，并取下喇叭 |
| 拆卸 BKT 和 Hing 铁件 | | 旋开红色圈中的 4 个螺钉，拆卸下铁片 |
| 取下 面板 | | 取下面板 |

**长虹某型号液晶彩电的整机拆卸流程图**

# 第 **3** 章

# 电源电路

---

## 3.1 液晶电视电源电路的三种形式

液晶电视电源电路的三种形式有：开关电源、DC/DC 变换电源和背光驱动电源。

### 3.1.1 三种电源

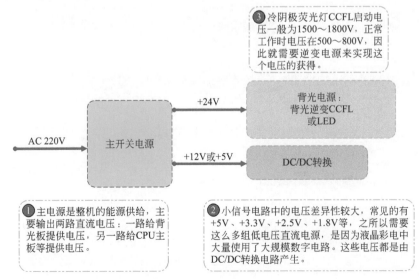

③冷阴极荧光灯CCFL启动电压一般为1500~1800V，正常工作时电压在500~800V，因此就需要逆变电源来实现这个电压的获得。

AC 220V → 主开关电源

+24V → 背光电源：背光逆变CCFL或LED

+12V或+5V → DC/DC转换

①主电源是整机的能源供给，主要输出两路直流电压：一路给背光板提供电压，另一路给CPU主板等提供电压。

②小信号电路中的电压差异性较大，常见的有+5V、+3.3V、+2.5V、+1.8V等，之所以需要这么多组低压直流电源，是因为液晶彩电中大量使用了大规模数字电路。这些电压都是由DC/DC转换电路产生。

## ▶ 3.1.2 常见电源电路板级形式

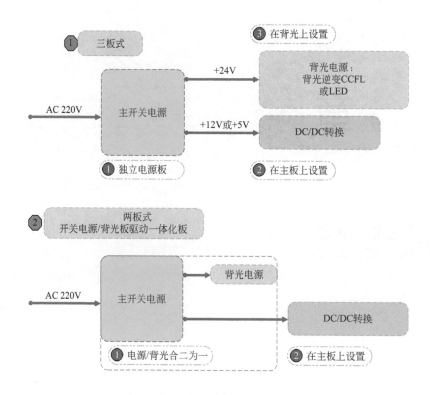

---

## 3.2 开关电源电路原理

## ▶ 3.2.1 液晶彩电开关电源电路结构方框图

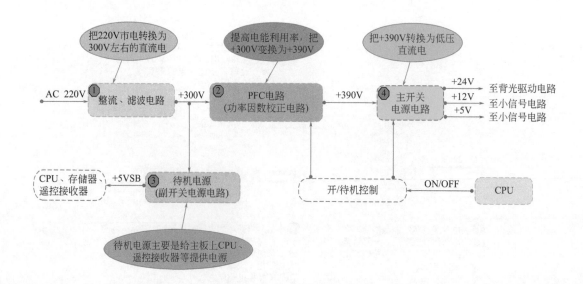

## ╋ 3.2.2 开关电源电路的基本组成方框图

电源电路的组成方框图及主要元器件如下图。

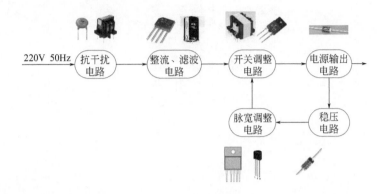

电源电路的组成方框图及各方框图主要作用如下。

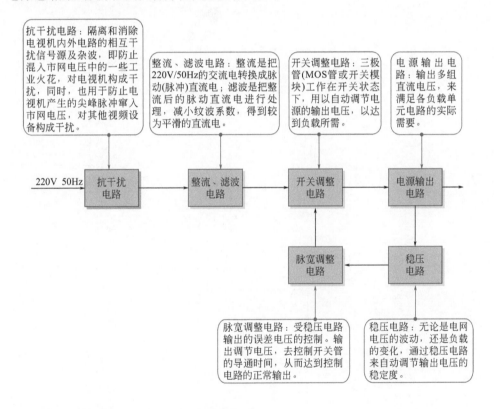

## ╋ 3.2.3 抗干扰、整流、滤波电路

这部分电路基本上是大同小异的，变化不太大。下面以海信 4849 二合一电路为例说明。

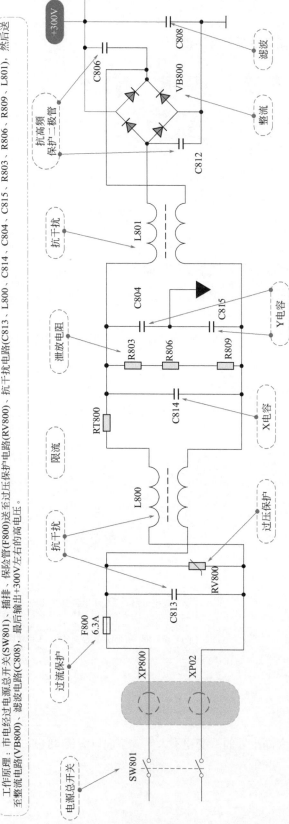

工作原理：市电经过电源总开关(SW801)、插排、保险管(F800)送至过压保护电路(RV800)、抗干扰电路(C813、L800、C814、C804、C815、R803、R806、R809、L801)，然后送至整流电路(VB800)、滤波电路(C808)，最后输出+300V左右的高电压。

X电容作用：由于高频干扰信号频率高，X电容对高频信号的容抗小，这样高频干扰信号通过X电容形成回路的电路中，从而达到了消除差模高频干扰信号的目的。

Y电容作用：设电源输入线上零上下火，则火线上的共模高频信号通过Y电容C804到地，零线上的共模高频信号通过Y电容C815到地，这样共模高频干扰信号就不能加至后级电路中，达到了抑制共模干扰信号的目的。

## 3.2.4 待机开关电源电路

待机开关电源电路又称为副开关电源电路，它的工作状态不受信号处理板输出的开 / 待机控制电压控制，其特点是一上电开机该电源就会进入工作状态。

下面以长虹 LT32600 液晶电视为例来分析待机开关电源电路原理（长虹 FSP205-3E01、FSP205-4E01 液晶电视电源电路与此相同），本章中以下原理图没有特殊说明的，都是以此为例。使用机型：长虹 LS12，机芯为 LT32600、LT3219<L04>；LS3212<L01>、LT26700、LT32700 等）。

① 开关模块 NCP1031 引脚功能和内部方框图

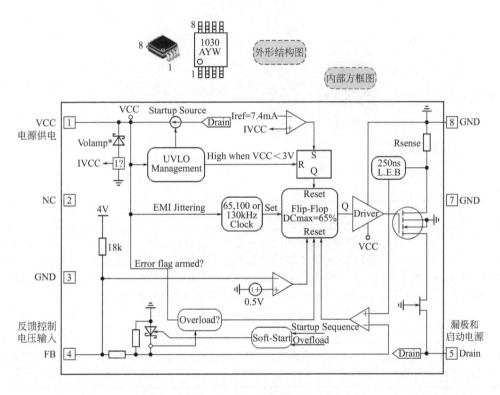

| NCP1031AP06 引脚功能和维修实测数据 | | | | | |
|---|---|---|---|---|---|
| 脚号 | 功能 | 电压 /V | | 在路电阻 /kΩ | |
| | | 待机 | 开机 | 红笔地 | 黑笔地 |
| 1 | 内部电路供电，过压保护检测输入端 | 8.6 | 7.8 | 90 | 9.3 |
| 4 | 稳压控制反馈信号输入端 | 0.7 | 0.8 | 80 | 16.0 |
| 5 | +300V 供电内部 MOSFET 管 D 极 | 315 | 312 | 600 | 9.1 |
| 2、3、7、8 | 接地 | 0 | 0 | 0 | 0 |

## ② 待机开关电源电路工作原理

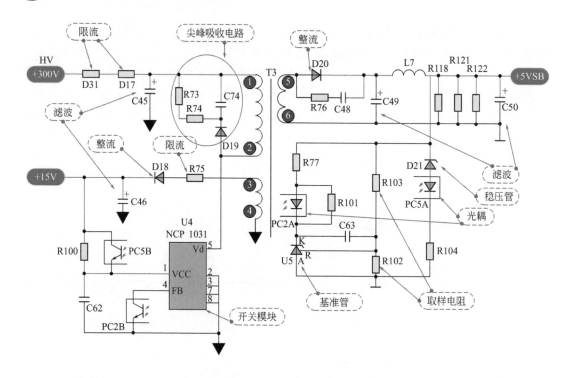

| 待机开关电源电路工作原理 | |
|---|---|
| 开关模块的供电 | ❶ 启动电压：整流滤波后的电压→限流电阻 D31、D17→滤波→开关变压器 T3 绕组 1～2→U4 的 5 脚。进入 5 脚后在其内部分成两路，一路加至 MOS 开关管的漏极，使开关管工作；另一路经其 1 脚→电阻 R100→电容 C46 充电，当 C46 充电到 10V 以上时，U4 的内部就开始振荡而工作。开关变压器次级就有脉冲电源输出<br>❷ 开关变压器一旦有脉冲电压输出，其绕组 3～4 脉冲→限流电阻 R75→二极管 D18 整流→电容 C46 滤波→得到 +15V 直流电压。该电压使 VCC1 为 Q11、Q12、U3 供电 |
| 待机电压 +5V SB 输出 | 开关变压器绕组 5～6→整流二极管 D20→滤波电容 C49→滤波电感 L7→滤波电容 C60，得到 +5V SB |
| 稳压原理 | 稳压电路由 U4、光耦 PC2、基准稳压 U5、R102、R103 等组成<br>当由于某种原因引起开关电源输出电压升高时，基准稳压 U5 控制极 Rhe 光耦 PC2 二极管正极的电压也同步上升，此时，光耦电流增大，U4 的 4 脚电流也增大，其增大量通过 U4 内部比较放大电路处理后，形成控制电压加至振荡电路上，对决定振荡脉冲占空比 4 脚的 RC 时间常数进行控制，使开关管导通时间缩短，使开关电源的输出电压下降并恢复到正常值<br>当开关电源输出电压下降时，稳压过程正好与电压升高的情况相反 |
| 过压保护 | 过压保护电路由稳压二极管 D21、光耦 PC5、电阻 R102 等组成<br>当待机电压升高时，稳压二极管 D21 击穿，PC5 就导通，PC5 导通后，使 U4 的 1 脚电流一旦增大到超过允许值时，U4 内部过压保护电路就会动作，使内部驱动放大电路停止工作 |

## ▶ 3.2.5 PFC 开关电源电路

为提高线路功率因数，抑制电流波形失真，液晶彩电一般采用 PFC 电路，目前流行的是有源 PFC 电路。下面以长虹 LT32600 液晶电视为例来分析 PFC 开关电源电路原理。

### ① 开关模块 UCC28051 简介

| 脚号 | 功能 | 电压 /V | | 在路电阻 /kΩ | |
|---|---|---|---|---|---|
| | | 待机 | 开机 | 待机 | 开机 |
| 1 | 校正后输出检测送入 | 0.8 | 2.7 | 12.8 | 10.5 |
| 2 | 输出电压检测比较器输出端 | 0.7 | 2.7 | 500 | 14.2 |
| 3 | 输入电压检测 | 2.4 | 2.0 | 18.2 | 13.2 |
| 4 | 漏极电流检测 | 0 | 0 | 0.6 | 0.6 |
| 5 | 过零检测信号输入端 | 0 | 2.6 | 26.3 | 12.6 |
| 6 | 地 | 0 | 0 | 0 | 0 |
| 7 | 驱动脉冲输出端 | 0.04 | 1.6 | 285 | 13.2 |
| 8 | VCC 供电 | 0.06 | 13.7 | 105 | 9.6 |

*UCC28051 引脚功能和维修实测数据*

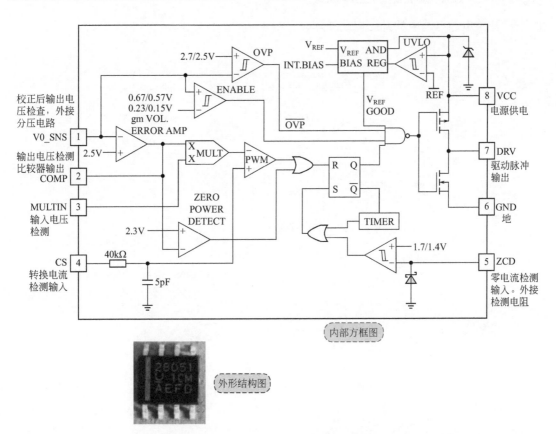

内部方框图

外形结构图

## ② PFC 和主开关电源电路的启动电路

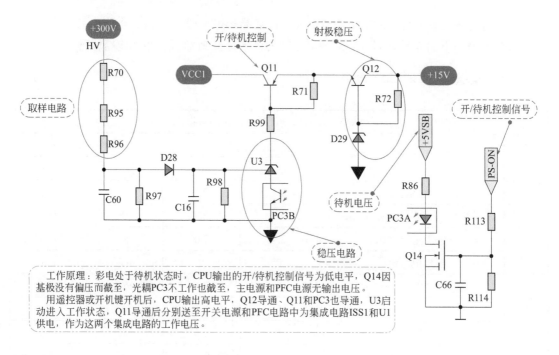

工作原理：彩电处于待机状态时，CPU输出的开/待机控制信号为低电平，Q14因基极没有偏压而截至，光耦PC3不工作也截至，主电源和PFC电源无输出电压。

用遥控器或开机键开机后，CPU输出高电平，Q12导通、Q11和PC3也导通，U3启动进入工作状态，Q11导通后分别送至开关电源和PFC电路中为集成电路ISS1和U1供电，作为这两个集成电路的工作电压。

## ③ PFC 开关电源电路的工作原理

❶ PFC 开关电源电路中的升压电路原理

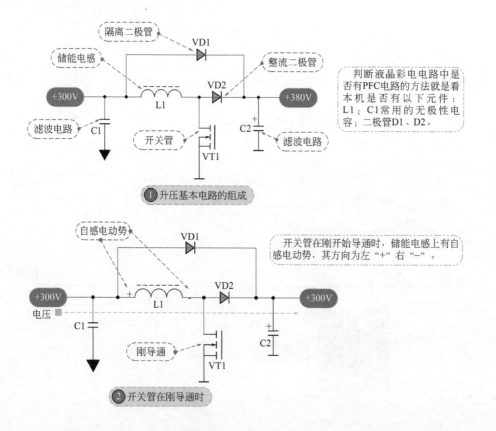

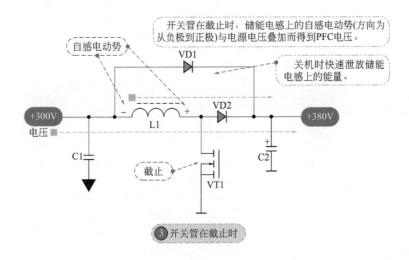

开关管在截止时，储能电感上的自感电动势(方向为从负极到正极)与电源电压叠加而得到PFC电压。

自感电动势

关机时快速泄放储能电感上的能量。

截止

③ 开关管在截止时

❷ PFC 开关电源电路的工作原理

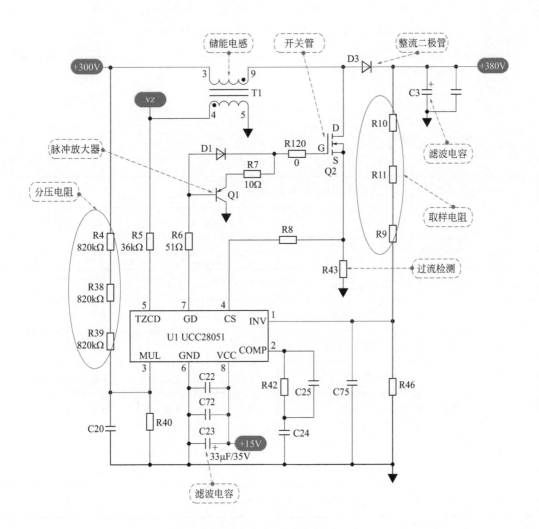

| PFC 开关电源电路的工作原理 | |
|---|---|
| 供电电路 | 当二次开机后，+15V 电压经电容 C23 滤波，C72、C22 高频旁路加到 U1 的 8 脚，使其有供电电压 |
| 开关振荡 | 当 U1 有工作电压时，内部的振荡电路就开始启动工作，其 7 脚输出振荡脉冲信号，加至三极管 Q1 的基极，将 Q1 放大后从发射极输出再经 R120 加至开关管 Q2 的栅极，使 Q2 处于开关状态而工作<br><br>Q2 工作后，其漏极所接的储能电感 T1 就进行储能，该能量经 D3 整流、C3 滤波得到 +380V 左右的直流电压，供给主开关电源电路 |
| 稳定电压电路 | U1 的 3 脚外接电阻 R4、R38、R39、R40 对 +300V 直流电压进行取样分压，该电压与市电输入电压成正比，该电压经 U1 内部电路处理后形成控制信号加至振荡电路上，通过对振荡器输出脉冲的占空比的控制使 C3 上的电压保持恒定不变<br><br>U1 的 1 脚外接电阻 R10、R11、R9、R46 与 3 脚工作原理基本类似 |
| 过流检测 | U1 的 4 脚为过流检测控制输入，其过流检测信号来自开关管 Q2 的栅极。当检测到过流时，U1 内部就停止振荡工作，使开关管 Q2 不工作 |
| 过零检测 | U1 的 5 脚为过零检测控制，其过流检测信号来自储能电感的次级 |

## ▶ 3.2.6 主电源电路

### ① 开关模块 L6599D

| L6599D 引脚主要功能和维修实测数据 | | | | | |
|---|---|---|---|---|---|
| 引脚 | 符号 | 主要功能 | 电压 /V | | 在路电阻 /kΩ | |
| | | | 待机 | 开机 | 待机 | 开机 |
| 1 | Css | 软启动 | 0.01 | 2.1 | 24.9 | 13.3 |
| 2 | DELAY | 延迟保护时间设定 | 0.03 | 0.1 | 105 | 18.8 |
| 3 | Cf | 定时电容 | 0.32 | — | 255 | 13.2 |
| 4 | Rfmin | 最小振荡频率设定 | 0.01 | 2.8 | 21.0 | 13.2 |
| 5 | STBY | 待机模式 | 0.01 | 1.6 | 26.3 | 16.3 |
| 6 | ISEN | 电流检测 | 0.01 | 0.2 | 0.6 | 0.6 |
| 7 | LINE | 欠压或过压保护 | 1.2 | 3.0 | 8.2 | 8.2 |
| 8 | DIS | 闭锁控制 | 0.01 | 0.1 | 100 | 18.5 |

续表

| 引脚 | 符号 | 主要功能 | 电压 /V | | 在路电阻 /kΩ | |
|---|---|---|---|---|---|---|
| | | | 待机 | 开机 | 待机 | 开机 |
| 9 | PFC-STOP | PFC 关闭控制 | 0.16 | 5.0 | 100 | 13.1 |
| 10 | GND | 地 | 0 | 0 | 0 | 0 |
| 11 | LVG | 下管驱动输出 | 0.01 | 6.9 | 18.2 | 11.0 |
| 12 | VCC | 供电 | 0.06 | 13.5 | 105 | 9.5 |
| 13 | N.C | 空 | 1.0 | 3.1 | ∞ | ∞ |
| 14 | OUT | 上管驱动参考 | 1.2 | * | 500 | 9.0 |
| 15 | HVG | 上管驱动输出 | 2.1 | * | 500 | 22.4 |
| 16 | VBOOT | 自举端 | 1.2 | * | ∞ | 9.9 |

L6599D 引脚主要功能和维修实测数据

* 表示测量时，指针摆动较大

## ② 开关模块 UC3843

| 引脚 | 主要功能 | 电压 /V | | 在路电阻 /kΩ | |
|---|---|---|---|---|---|
| | | 待机 | 开机 | 待机 | 开机 |
| 1 | 补偿。误差放大器输出，并可用于环路补偿 | 0 | 3.3 | 17.3 | 14.3 |
| 2 | 电压反馈。误差放大器的反相输入端 | 0 | 2.5 | 1.2 | 1.2 |
| 3 | 电流取样 | 0 | 0.5 | 1.8 | 1.8 |
| 4 | RT/CT。调节振荡器频率和最大输出占空比 | 0 | 2.4 | 3.9 | 3.9 |
| 5 | 地 | 0 | 0 | 0 | 0 |
| 6 | 输出。该输出直接驱动功率管 | 0 | 10.4 | 19.0 | 18.4 |
| 7 | VCC。正极电源供电 | 0 | 23.9 | 6.3 | 1.3 |
| 8 | $V_{REF}$。参考输出 | 0 | 5.0 | 3.1 | 3.1 |

UC3843 引脚主要功能和维修实测数据

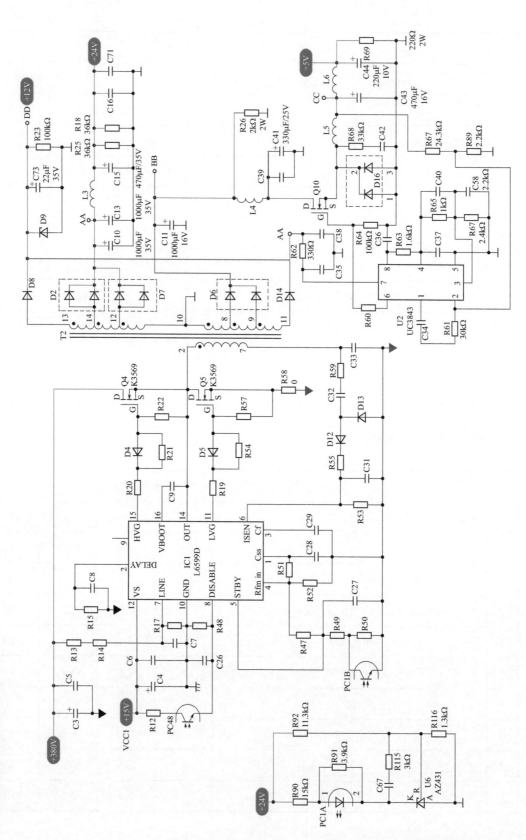

**3** 主电源电路工作原理

| 主开关电源电路工作原理 | |
|---|---|
| 开关模块的供电 | 二次开机后，+15V 电压加至 IC1 的 12 脚，集成电路内部振荡电路便开始工作，产生振荡脉冲信号 |
| 开关振荡电路 | 开关振荡信号分别从 IC1 的 11、14、15 脚输出<br>11 脚输出的脉冲信号将 R19、R54 加至 Q5 的控制极；15 脚输出的脉冲信号将 R20、R21 加至 Q4 的控制极<br>Q4、Q5 为脉冲放大管，其作用是对驱动器输出的脉冲信号进行放大 |
| 稳压电路 | 稳压电路由 IC1、光耦 PC1 和基准电压元件 U6 等组成 |
| 各组电压输出电路 | ❶ +14V 电压：主要由整流二极管 D8、D14，稳压二极管 D9 和滤波电容 C73 组成<br>❷ +12V 电压：主要由整流二极管 D6 和滤波电容 C69 等组成。该电压经过 L4 加至 Q10 的漏极，供给 Q10 的工作电压<br>❸ +24V 电压：主要由整流二极管 D2、D7 和滤波电容 C10、C13 等组成。该电压主要供给 4 部分电路：一是将电阻 R80 加至 ICS 的 2 脚，作为过流保护电路中的比较放大器的取样电压；二是加至信号处理板和高压逆变板；三是高压保护电路；四是稳压电路等<br>❹ +5V 电压：主要由激励脉冲形成电路 U2、开关管 Q10 等组成。主开关电源启动工作后，+14V 电压一旦经 R62 加至 U2 的 7 脚，U2 内部的振荡电路就会启动进入振荡状态，产生振荡脉冲信号。振荡电路产生的振荡脉冲经其内部处理后从 6 脚输出，然后经 R60 加至 Q10 的控制极，控制 Q10 的工作状态。当 Q10 导通时，+12V 电压便经 Q10 的漏极 - 栅极形成 +5V 电压，该电压供给信号电路板和过流、过压保护电路 |

④ 主电源保护电路工作原理

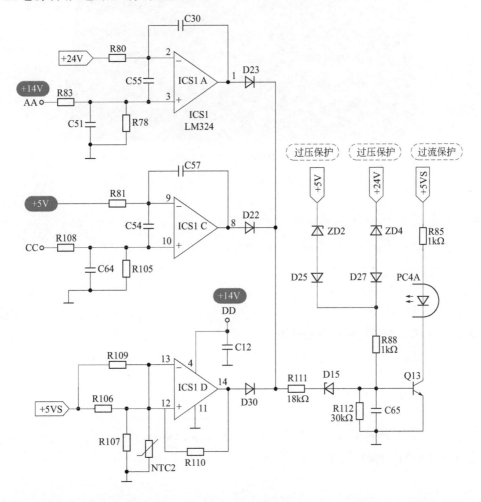

| 主电源保护电路工作原理 | |
| --- | --- |
| 过压保护 | 过压保护电路都是采用双重保护的。主要由运放集成电路 ICS1 和三极管 Q13、光耦 PC4、稳压二极管 D15、ZD2、ZD4 等组成<br><br>以 +5V 电压过压为例，一旦过压，一重保护电路 ZD2、D25 击穿导通，导致 Q13 也导通，光耦 PC4A 电流就加大，PC4B 的电流也随之加大（参看主电源电路工作原理图），从而使开关模块 IC1 停止振荡输出，达到了过压保护的目的<br><br>以 +5V 电压过压为例，一旦过压，二重保护电路电压经 R81 加至运放的 9 脚（反相端），其输出端电压翻转，输出高电平，使 D22、R111、D15 导通，导致 Q13 也导通，此后与上面工作原理相同 |
| 过流保护 | 过流保护电路由 ICS1 组成。任一输出端无电压输出或输出端的负载电路存在短路故障，均会使由运放组成的过流保护电路启动进入工作状态，最终和过压保护电路一样，也会使 Q13、PC4 导通，达到过流保护的目的 |

**⑤ 长虹 LT32600 液晶电视电源电路板**

长虹LT32600液晶电视电源电路板

## 3.3  DC/DC 电源变换电路

　　液晶电视主开关电源一般输出的是 +12V 或 +14V、+18V 等电压，而液晶电视的主板电路、液晶面板等电路需要的电压则较低（一般为 +3.3V 以下），因此，需要进行直流变换，这个工作就由 DC/DC 电源变换电路来担任。

　　DC/DC 电源变换电路目前主要有两种类型：线性稳压器和开关型 DC/DC 电源变换器。

### ▶ 3.3.1  线性稳压器

　　液晶彩电中的线性稳压器一般采用的是低压差（Low Dropout Regulator，LDO）稳压模块，如常见的 1117 系列、1084 系列等。

# ① 1117 稳压器系列原理

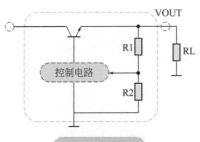

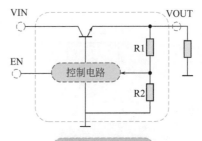

线性稳压器原理图

可控线性稳压器原理图

线性稳压器是通过输出电压反馈，经误差放大器等组成的控制电路来控制调整管的管压降(即压差)来达到稳压的目的。其特点是VIN电压必须大于VOUT。

可控线性稳压器设有输出控制端，也就是说，这种稳压器输出电压受控制端的控制。EN(有时也用符号SHDN表示)为使能端输出控制，一般用CPU加低电平或高电平使LDO关闭或工作。

# ② 1117 稳压器封装和外形

SOT-223

SOT-89-3

TO-220-3L

TO-263-3L

TO-252-2L

封装图

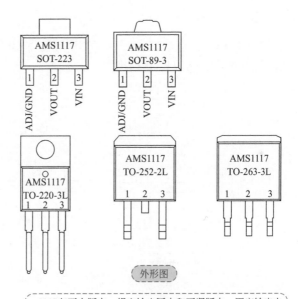

AMS1117 SOT-223

AMS1117 SOT-89-3

1 ADJ/GND 2 VOUT 3 VIN

AMS1117 TO-220-3L  1 2 3

AMS1117 TO-252-2L  1 2 3

AMS1117 TO-263-3L  1 2 3

外形图

1117有两个版本：规定输出版本和可调版本。固定输出电压为1.5V、1.8V、2.5V、2.85V、3.0V、3.3V、5.0V。最大输出电流为1A。

# ③ 1117 稳压器典型应用电路

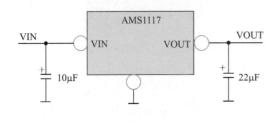

VIN  AMS1117  VOUT
10μF  VIN  VOUT  22μF

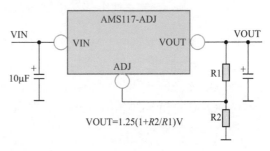

VIN  AMS117-ADJ  VOUT
10μF  VIN  VOUT
ADJ  R1
R2

$VOUT=1.25(1+R2/R1)V$

**④ 1117 稳压器实际电路**

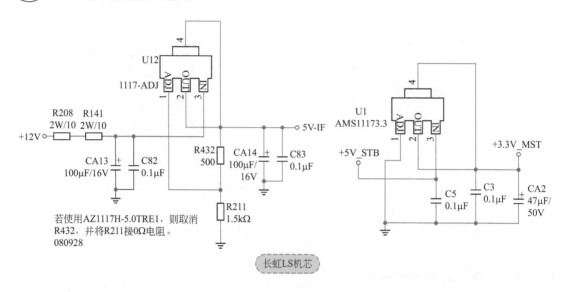

若使用AZ1117H-5.0TRE1，则取消
R432，并将R211接0Ω电阻。
080928

长虹LS机芯

**⑤ 1084 稳压器**

1084 系列稳压器与 1117 稳压器工作原理基本相同，只是其体积比后者大，最大输出电流为 5A，其引脚功能与 1117 系列相同。

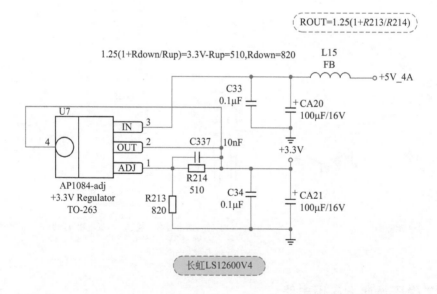

长虹LS12600V4

## ▶ 3.3.2 开关型 DC/DC 变换器

开关型 DC/DC 变换器主要有电容式和电感式。这两种 DC/DC 变换器的工作原理基本相同，都是先存储能量，再以受控的方式释放能量，从而得到所需的输出电压。不同的是，电感式 DC/DC 变换器采用的是电感存储能量，而电容式 DC/DC 变换器采用的是电容存储能量。电容式 DC/DC 变换器的输出电流较小，带负载能力较差。因此，在液晶彩电中，一般采用电感式 DC/DC 变换器较多。

## ① LM2596 系列

LM2596 系列开关电压调节器是降压型电源管理芯片，能够输出 3A 的驱动电流。固定版本有 3.3V、5V、12V；还有一个输出可调版本，可调范围在 1.2 ～ 37V。

### ① LM2596 固定式原理图

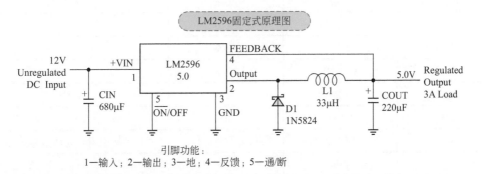

引脚功能：
1—输入；2—输出；3—地；4—反馈；5—通/断

### ② LM2596 封装及外形

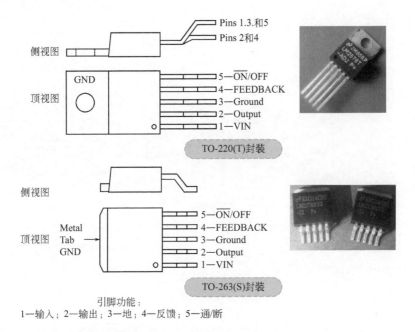

引脚功能：
1—输入；2—输出；3—地；4—反馈；5—通/断

### ③ LM2596 在长虹液晶电视中的应用

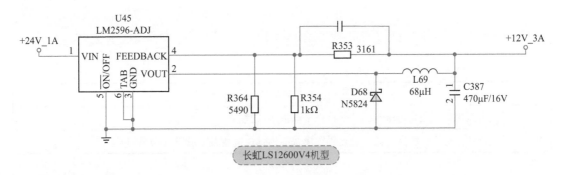

### ② MP1584 电压转换器

① MP1584 引脚功能

| MP1584 引脚功能 | | | |
|---|---|---|---|
| 脚号 | 符号 | 功能 | 备注 |
| 1 | SW | 输出 | |
| 2 | EN | 使能 | |
| 3 | COMP | 补偿 | |
| 4 | FB | 反馈 | 0.8V |
| 5 | GND | 地 | |
| 6 | FREQ | 开关频率选择 | 与外接电阻一起调节开关频率 |
| 7 | VIN | 输入 | |
| 8 | BST | 自举 | 与 SW 通过电容连接 |

② MP1584 在长虹 LM38 机芯中的应用

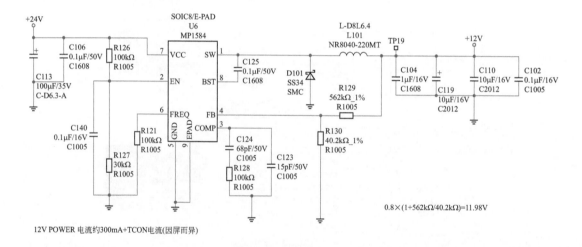

### 3.4 开关电源的维修

▶ 3.4.1 维修开关电源前需要明白的几个问题和主要检修方法

| 维修开关电源前需要明白的几个问题 | |
|---|---|
| 1 | 开关电源电路一般是可维修的，尽量不采取板级代换 |
| 2 | 开关电源电路中的振荡电路一般设置在模块的内部，外围几乎就没有振荡的元器件 |

续表

| | 维修开关电源前需要明白的几个问题 |
|---|---|
| 3 | 部分 32in 以下的液晶彩电，有些电源就没有 PFC 电路 |
| 4 | 当 +5VSB 电源下降到 +4.8V 时，就开不了机了 |
| 5 | PFC 电路的工作条件是受控于 CPU 的，就是说 CPU 要输出正常的开机信号；电源 PFC 电路正常的输出电压为 390 ～ 420V |
| 6 | 开关管采用的是 MOS 场效应管时，在测量其电阻时，一定要先泄放掉其上面的电荷 |
| 7 | 50in 以上的屏压在 +18V 或以上，50in 以下的屏压在 +12V 或以下 |
| 8 | 待机电源标注：+5VSB、+5VS；开关机控制标注：ON/OFF、PWR O/F；STB、POW |

| | 开关电源的主要检修方法 |
|---|---|
| 假负载 | 在维修开关电源时，为区分故障出在负载电路还是电源本身，经常需要断开负载，并在电源输出端（一般为 12V）加上假负载进行试机，之所以要接假负载，是因为开关管在截止期间，存储在开关变压器初级绕组的能量要向次级释放，如果不接假负载，则开关变压器存储的能量无处释放，极易导致开关管击穿损坏<br>一般选取：+5V 端子上 10W/12V 灯泡（电动车等用的，下同）或 10Ω/5W 的电阻；+12V 端子上 10W/12V 灯泡或 20Ω/10W 的电阻；+24V 端子上 35W/36V 灯泡或 10Ω/5W 的电阻<br>对于大部分液晶彩电，其开关电源的直流电压输出端大都通过一个电阻接地，相当于接了一个假负载，因此，这种结构的开关电源，维修时不需要再接假负载 |
| 短路法 | 对于采用带光耦稳压的控制电路，当输出电压高时，可采用短路法来区分故障范围<br>短路法的过程是：先短路光耦的光敏接收管的两个引脚，测量主电压仍未变化，则说明故障在光耦之后（开关变压器的初级）；反之，故障在光耦之前的电路<br>需要说明的是，短路法应在熟悉电路的基础上有针对地进行，不能盲目短路以免将故障扩大。另外。从人身安全角度考虑，短路之前，应断开负载电路 |

## ▶ 3.4.2 实战 11——在无图纸的情况下识别与判断开关电源单元电路

第 1 步，要注意观察所维修彩电的电源是独立电源，还是二合一电源。

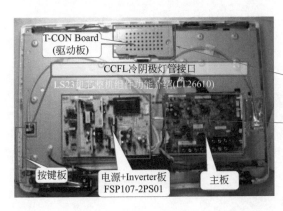

在液晶电视中，独立电源和二合一电源很好判定，若背光灯直接接在开关电源的某一个或几个输出接口上，则说明开关电源为二合一电源。

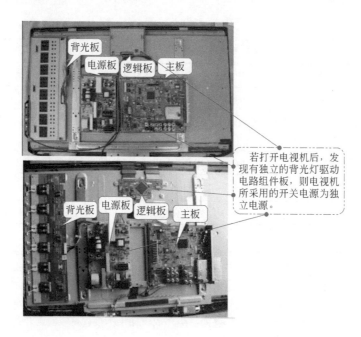

若打开电视机后，发现有独立的背光灯驱动电路组件板，则电视机所采用的开关电源为独立电源。

第2步，找副电源（待机电源）。

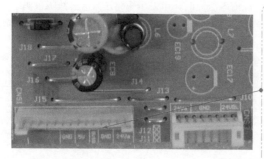

在液晶电视的开关电源中，副电源与主电源的最大区别是它的开关变压器体积较小。液晶电视开关电源的特点是在其输出接口上标有输出电压的符号。图中的CNS1、CNS3为开关电源的电压输出接口，从图中可以看出，电路板上的输出接口上标有5V、5VSB、24V、24VBL电压。

在液晶电视的开关电源中，5VSB电压为待机电压，通常由副电源产生，由副电源中的开关变压器次级输出的脉冲信号经整流滤波电路整流滤波后得到。对此，我们可以顺着5VSB电压的整流滤波电路找到副电源的开关变压器和副电源中的集成块。副电源中的开关变压器和集成块找到了，副电源电路也就找出来了。

第3步，找主电源。

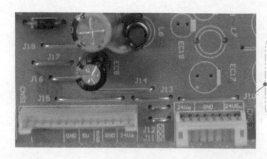

找出了副电源后，主电源也就好找了，找主电源时，应当顺着24V(或12V)输出电压去寻找，因为24V电压是由主电源中开关变压器次级输出的脉冲信号经整流滤波电路后得到，所以，通过24V很容易找到主电源中的开关变压器和主电源中的集成块或开关管。

第 4 步, 找 PFC 电源。

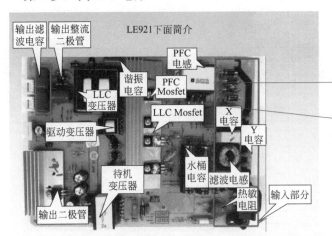

主电源、副电源找到后, 要找出电源中有无PFC电路就容易多了, 一般来讲, 找PFC电路时, 可通过寻找电路中的储能电感、开关管和整流二极管去寻找。因为液晶电视开关电源中PFC电路中的储能电感 (外观上似开关变压器) 体积较大, 而且安装在交流220V整流滤波电路后, 在电路组件板中容易找到。

在开关电源中, 副电源、主电源和 PFC 电路中的主要元件找到后, 开关电源的整体结构就清楚了。清楚了整体结构, 对无电路原理图的开关电源进行维修也容易多了。

### ▶ 3.4.3 实战 12——开关电源的故障判断与维修

液晶彩电开关电源部分常见的故障现象主要有：开机就烧保险管、开机后无输出电压、输出电压高或偏低等。

| 故障现象 | 开机就烧保险管 |
|---|---|
| 故障分析 | 一种情况是电流大, 保险管是偶尔烧坏的, 其他电路并没有任何损坏；另一种情况是保险管在烧坏的同时, 其他电路也有损坏, 也就是说, 其他电路的短路而引起了烧坏保险管 |
| 故障判断 | 在更换保险管之前, 应先判断电源是否存在有短路性故障<br>取下烧坏的保险管, 在保险管座与后级电路的连接处, 用万用表欧姆挡测量其对地正反电阻值, 若正反电阻值几乎相等且很小, 则为有短路现象；若正反电阻值不相等或相差很大, 或有充放电现象, 则后级电路没有短路现象。测量示意图如下图所示 |
| 故障检测与维修 | 主要应检测以下元器件是否短路：压敏电阻、热敏电阻、整流桥、滤波电容、抗干扰电容、开关管或开关控制模块等 |

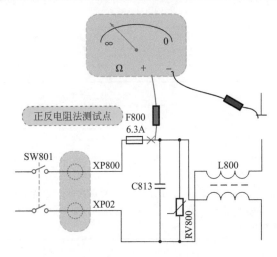

| 故障现象：输出电压过低 | |
|---|---|
| 故障分析：除了稳压控制电路本身引起输出电压过低外，还有如下几点 | 故障判断 |
| 开关电源负载有短路故障（特别是 DC/DC 变换器短路或性能不良等） | 此时，应断开开关电源电路的所有负载，以区分是开关电源电路还是负载电路有故障，若断开负载电路电源输出正常，说明是负载过重；若仍不正常，说明开关电源电路有故障 |
| 输出电压端整流二极管、滤波电容失效等 | 可用代换法进行判断 |
| 开关管的性能下降，必然导致开关管不能正常导通，使电源的内阻增加，带负载能力下降 | 更换优质开关管。拆机的开关管也可以很好地利用 |
| 开关变压器不良，不但造成输出电压下降，还会造成开关管激励不足从而屡烧开关管 | 开关变压器损坏率较小，可用代换法进行判断 |
| 300V 滤波电容不良，造成电源带负载能力差，一接负载输出电压就下降 | 滤波电容损坏率较高，可用代换法进行判断 |

| 故障现象 | 屡烧开关管故障的维修 |
|---|---|
| 开关管过压损坏 | ❶ 市电电压过高，对开关管通过的漏极工作电压高，开关管漏极产生的开关脉冲幅度自然升高许多，会突破开关管 D-S 的耐压面而造成开关管击穿<br>❷ 稳压电路有问题，使开关电源输出电压升高的同时，开关变压器各绕组产生的感应电压幅度大，在其初级绕组产生的感应电压与开关管漏极得到的直流工作电压叠加，如果这个叠加值超过开关管的耐压，会损坏开关管<br>❸ 开关管漏极保护电路（尖峰脉冲吸收电路）有问题、不能将开关管漏极幅度较高的尖峰脉冲吸收掉而造成开关管漏极电压过高击穿<br>❹ 300V 滤波电容失效，使其两端含有大量的高频脉冲，在开关管截止期间与反峰电压叠加后，导致开关管过电压而损坏 |
| 开关管过流损坏 | ❶ 开关管负载过重，造成开关管导通时间延长而损坏开关管，常见原因是输出电压的整流、滤波电路不良或负载电路有故障<br>❷ 开关变压器匝间短路 |
| 开关管功耗大而损坏 | 常见的有开启损耗大和关断损耗大两种，开启损耗大主要是开关管在规定时间内不能由放大状态进入饱和状态，开关管激励不足造成的，关断损耗大主要是开关管在规定动作时间内不能由放大状态进入截止状态，开关管栅极的波形由于某种原因发生畸变造成的 |
| 开关管本身有质量问题 | 市场上所售电源开关管质量良莠不齐，如果开关管存在质量问题，屡烧开关管也就在所难免 |
| 开关管代换不当 | 开关电源的场效应管一般功率都较大，不能用功率小、耐压低的开关管进行代换，否则极易损坏 |

| 故障现象 | 保险管正常，但无输出电压 |
|---|---|
| 故障分析 | 保险管正常，但无输出电压，说明开关电源没有工作，或工作后进入了保护状态 |
| 故障检测与维修 | 先测量电源的主供电是否正常，若不正常，就检查主供电的线路<br>再测量电源控制芯片的启动引脚是否有启动电压，若无启动电压或启动电压较低，则检查启动电阻和启动引脚的外围元件是否有漏电现象的存在；若有启动电压且正常，则测量控制芯片的输出端在开机瞬间是否有高低电平的跳变，若无跳变，说明控制芯片、外围振荡电路或保护电路可能有问题，可先检查外围元件，再代换控制芯片试试；若有跳变，一般为开关管不良或损坏 |

| 故障现象 | 输出电压过高 |
|---|---|
| 故障分析 | 这种故障现象一般是稳压取样和稳压控制电路有异常。由于稳压电路是由一个大回环闭合电路：直流电压输出→取样电路→误差放大电路→光电耦合器→电源控制芯片等共同组成的，在这一个回路中，任何一个电路有问题都将导致输出电压异常升高 |
| 故障检测与维修 | 对于有过压保护的电源电路，输出电压过高首先会使过压保护电路起控，在维修时，可暂时断开过压保护电路，使过压保护电路不起作用，然后开机瞬间测量主电源电压。如果测量示数比正常值高出 1V 以上，则说明输出电压过高 |

| DC/DC 变换电路的维修 | |
|---|---|
| 稳压器 DC/DC 变换电路的维修 | 若检查到某个稳压器没有电压输出或输出电压较低，可脱开其后级负载，若电压正常，表明是后级负载有短路现象存在；若电压依旧，再测量其输入电压。若输入电压不正常，则说明故障在此之前；若输入电压正常，则检查其控制端，若正常，则为稳压器本身损坏 |
| 开关型 DC/DC 变换电路的维修 | 开关型 DC/DC 变换电路的维修与稳压器 DC/DC 变换电路的维修基本相似，不同之处是，若控制端也正常，再继续检查输出电感、续流二极管等是否有问题，若都正常，则为稳压器本身损坏 |

## 3.5 电源电路维修案例

| 故障现象 | 不开机 |
|---|---|
| 故障机型 | TCL-L32D99 |
| 故障分析 | 电源电路、保护电路可能有问题 |
| 维修方法 | ❶ 检测电源待机 STB 电压只有 3.5V（正常为 5V）<br>❷ 检查稳压电路。更换 U12、T1431 后故障依旧<br>❸ 检查保护电路。保护电路由 Z4（6.8V）稳压管 Q12 等组成。测量 Q12 的基极电压为 0.5V 左右（正常值应为无电压）不正常。去掉 Q12 后，待机电压恢复正常。更换 Q12，故障排除 |

| 故障现象 | 三无 |
|---|---|
| 故障机型 | TCL-L50D8800 电源板 K-150S2 |
| 故障分析 | 电源电路有问题 |
| 维修方法 | ❶ 测量电源电路 IC1（OB2262）各脚电压，发现 5 脚电压为 8.5V（正常值为 14.5V）不正常<br>❷ 检测电阻 R15、R116、R117 基本正常<br>❸ 怀疑三极管 Q13、Q14、Q15 有问题。检查后发现 Q14 已经损坏。更换后故障排除 |

| 故障现象 | 三无 |
|---|---|
| 故障机型 | TCL-LE32D8810 机芯 MV59 |

续表

| 故障分析 | 电源、主板电路等有问题 |
|---|---|
| 维修方法 | ❶上电试机，测量主板各输入电压，发现各电压都有抖动现象<br>❷怀疑 U807 有问题，更换后故障依旧<br>❸测量 U807 二级供电同样也抖动，可能稳压部分有问题<br>❹最后检查到是稳压电路的 D801 损坏，更换后故障排除 |

| 故障现象 | 指示灯点亮但不开机 |
|---|---|
| 故障机型 | TCL-L32C550 机芯 MS82D |
| 故障分析 | 电源、主板、CPU 工作条件、储存器等有问题 |
| 维修方法 | ❶测量主板上 P900 插座处的 3.3V 和 12V 正常。说明电源板基本正常<br>❷检测主板上各 DC/DC 转换输出电压，在测量时发现 L819 处无 3.3V 电压输出，说明 U807（MP1495）没有工作<br>❸检查 U807 的各脚电压，发现 7 脚电压只有 2.5V（正常值为 5V）异常<br>检查 U807 外围元件，发现贴片电容 C867（0.1μF）有漏电现象<br>❹更换电容 C867 故障排除 |

| 故障现象 | 不定时黑屏 |
|---|---|
| 故障机型 | TCL-L48F3500A-3D 机芯 MS801 |
| 故障分析 | 电源、主板、背光电路等有问题 |
| 维修方法 | ❶该机故障基本没有规律，因此，采用分别代换电源和主板的方法，发现问题在电源板上<br>❷开机等待故障出现时再维修。发现故障出现时 PFC 电压从 380V 下降到 340V 左右，说明 PFC 电路有问题<br>❸检测 U301（FAN7930）及外围元件，没有发现异常。更换 U301 故障依旧。最后把 R307（560kΩ）、R308（620kΩ）、R309（1MΩ）同时更换掉，试机故障再没有出现 |

| 故障现象 | 不开机 |
|---|---|
| 故障机型 | TCL-L32F3300B 机芯 MS81L |
| 故障分析 | 电源、主板、背光电路有问题 |
| 维修方法 | ❶开机后指示灯点亮，但按键和遥控都开机不了<br>❷测量电源 3.3V、12V 电压正常，说明电源板工作正常<br>❸检测主板上的各供电稳压器 U102（RT9266-3.3V）、U103（AS1117-2.5V）、U105（AS1117-3.3V）电压，发现 U103 输出电压为 4.0V（正常值为 2.5V）明显不正常<br>❹U103 是给 DDR 供电的，检查其外围元件没有发现异常，更换 U103，故障排除 |

# 第4章

# 背光灯电路

---

## 4.1 CCFL 背光灯基本知识

### ▶ 4.1.1 CCFL 背光灯的结构

　　冷阴极荧光灯管(Cold Cathode Fluorescent Lamp)，简称为CCFL。由于CCFL灯管细小、结构简单、灯管表面温升小、灯管表面亮度高、易加工成各种形状(直管形、L形、U形、环形等)，早期的液晶彩电一般是以CCFL背光灯作为光源。
　　通常发射电子的材料，即阴极，分冷与热两种。冷阴极，无需把阴极加热，而是利用电场的作用来控制界面的势能变化，使阴极内的电子把势能转换为动能而向外发射。

| CCFL 背光灯的规格 | |
| --- | --- |
| 灯管直径 | 液晶彩电中常用的灯管直径有：$\phi$2.0、$\phi$2.6、$\phi$3.0、$\phi$3.4、$\phi$4.0 等 |
| 灯管长度 | 以 $\phi$3.0 直径灯管为例，常用灯管的长度有：430mm、450mm、455mm、460mm、465mm、472mm、500mm、520mm、659mm、665mm、670mm、722mm 等 |

## ▶ 4.1.2  CCFL 背光灯工作条件

| CCFL 背光灯的工作条件 | |
| --- | --- |
| 灯管供电电压 | 供电电压（或驱动电压）必须是频率为 40 ～ 80kHz 的交流正弦波 |
| 灯管启动电压 | 灯管启动电压又称为点灯电压、触发电压或点火电压等，一般在 1500 ～ 1800V，该电压与灯管的长度和直径有关 |
| 灯管维持电压 | 灯管维持电压（或工作电压）就是灯管点亮后的工作电压，这个电压一般是启动电压的 1/3 左右。在给定的工作电流下，灯管两端的电压值一般为 500 ～ 800V |
| 工作电流 | 灯管正常的工作电流一般为 4 ～ 9mA，常用的有 4mA 管、5mA 管、6mA 管和 7mA 管等 |

## 4.2  背光灯电路结构

CCFL 灯管其工作原理与荧光灯基本一样，需要 600 ～ 1500V 的交流高压才能将 CCFL 灯管点亮，因此需要一个升压电路，将电源板提供的 12V 或 24V 直流电压转换为交流高压，俗称高压板或逆变板。

近年来液晶显示屏采用的是节能型 LED 灯，把单个 LED 灯串联起来作为灯条使用，它的点亮电压低则几十伏，高则二百多伏，一般是电源板直接输出电压进行供电。

## ▶ 4.2.1  CCFL 背光灯电路结构

### ① 背光灯电路在液晶彩电中的位置

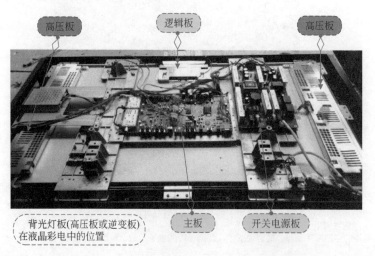

背光灯板(高压板或逆变板) 在液晶彩电中的位置

## ② 背光灯板

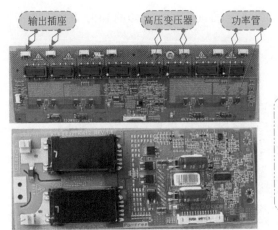

输出插座　　　高压变压器　　　功率管

> 　　液晶电视中的背光灯驱动电路是一个电压转换器件。CCFL背光灯电路(逆变板)的作用是将开关电源输出的低压直流电转化为CCFL背光灯管所需的800V以上的交流电。
> 　　背光灯的电源由电源板直接提供,工作状态受信号处理板输出的开/待机电压和亮度调整等控制量的控制。大屏幕液晶彩电背光灯电源供电一般为12～24V,输出电压在600～1000V甚至更高,灯管在6～12只或更多。

## ③ 背光灯电路方框图

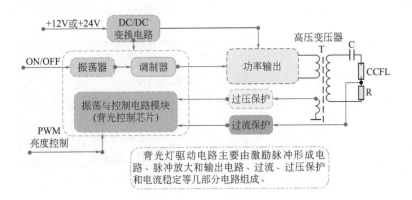

> 背光灯驱动电路主要由激励脉冲形成电路、脉冲放大和输出电路、过流、过压保护和电流稳定等几部分电路组成。

| 背光灯各电路的主要作用 | |
|---|---|
| 背光控制芯片 | 在实际电路中,除功率输出部分和检测保护部分外,振荡器、调制器及控制电路部分通常由一块集成电路完成,这个集成电路称为背光控制芯片或背光调控芯片<br>背光控制芯片应用最多的有:TL1451、PF1451、OZ960、OZ962、OZ960、OZ1060、BIT3160、SG6859ADZ、BD9884FV、BD9897FV、BT1061、LX1688PW、FAN7313、OZ9938GN 等型号 |
| 振荡器 | 当背光板接收到CPU送来的"ON"信号电平后,控制振荡器开始工作。振荡频率一般为 30 ～ 100kHz。该频率送至调制器与PWM信号进行调制 |
| 调制器 | 调制就相当于混合,把PWM亮度控制信号叠加在高频振荡信号上,使之成为激励信号PWM调制信号改变输出高压脉冲的宽度,从而达到改变亮度的目的 |
| 过压、过流保护 | 串联在灯管上的R为电流取样电阻;绕组的一个初级为电压取样。保护电路常用的集成电路有 LM324、393、358、10393 等 |
| ⚠ 注意 | 由于背光灯管不能串联和并联应用,所以,若需要驱动多只背光灯管,必须由相应的多个高压变压器输出电路及相适配的激励电路来完成 |

## ▶ 4.2.2 LED 背光灯电路结构

真正的 LED 电视应该是用 LED 直接成像的。目前市场上宣传的 LED 电视并非真正的家用 LED 电视，而是 LED 液晶电视。

LED 作为液晶电视中的背光源使用时，称为白光 LED。白光 LED 作为 LED 液晶电视中的背光源，所需要的驱动电路与 CCFL 灯管所需要的驱动电路相比要简单得多。

LED背光灯条

白光LED作为液晶电视的背光源时，按光的入射位置可分为直下式和侧入式两种。直下式就是将LED按固定的间距安装在整个液晶显示屏的后面。直下式大致又可分为直下式RGB-LED、直下式白光LED等。侧入式就是将LED背光源安装在液晶显示屏后面的周边上，侧入式也分为侧光式白光LED和侧光式RGB-LED两种。

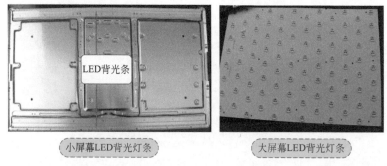

小屏幕LED背光灯条　　　　　　　大屏幕LED背光灯条

LED 也存在开路、短路、与驱动电路的供电接口接触不良和亮度控制等问题，这些问题的存在也就决定了 LED 不能采用开关电源直接供电方式，而要采用具有输出电压自动调整和保护功能的独立电路进行供电的方式。其目的不外乎是稳定 LED 的驱动电压，使电视机的亮度不受开关电源负载变化的影响。

目前，在 LED 液晶电视中，常用调光方法是采用 PWM 进行调光。

PWM 调光是利用一个 PWM 控制信号调节 LED 的亮度。PWM 调光利用的是人眼的视觉特性，取的是 LED 的平均亮度。

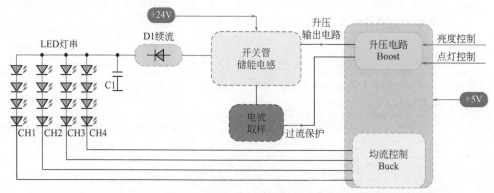

| CCFL 与 LED 背光电路的主要区别 | |
| --- | --- |
| 电压波形：交流电 | 电压波形：直流电 |
| 电压高（600～2000V）、每个灯管电流大（4～9mA） | 电压低（灯串电压几十伏到500V，单个 LED 灯正常工作电压时的正向电压为 3～3.5V），LED 灯条的工作电流有 40mA、60mA、90mA、120mA 等 |
| 灯管安装方式：平行排列 | 灯条安装方式：直下式（点阵式）、侧下式（边缘式） |
| 没有稳流电路 | 由于每只白光 LED 的正向导通电压存在一定的误差，则每一路 LED 灯串的正向导通总电压之和也略有差异，为了保证每一路 LED 灯串的电流恒定，则需对每一路 LED 灯串进行单独的电流控制 |

## 4.3 背光灯电路

### 4.3.1 CCFL 背光灯板驱动电路的几种形式

**1 自激式推挽多谐振荡电路**

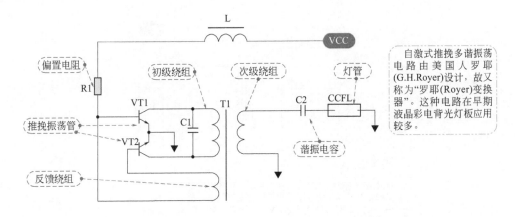

自激式推挽多谐振荡电路由美国人罗耶(G.H.Royer)设计，故又称为"罗耶(Royer)变换器"。这种电路在早期液晶彩电背光灯板应用较多。

**2 推挽驱动电路**

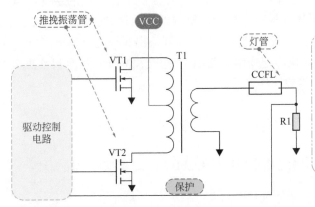

电路工作时，在振荡与控制集成电路的控制下，推挽电路中两只开关管 VT1、VT2交替导通，在初级绕组两端分别形成相位相反的交流电压。改变输入到VT1、VT2开关脉冲的占空比，可以改变VT1、VT2的导通与截止时间，从而改变了变压器的储能，也就改变了输出的电压值。

**③ 全桥驱动电路**

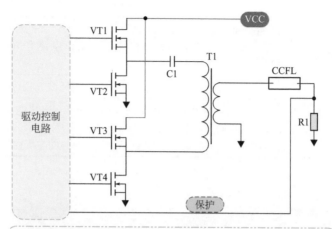

电路工作时，在振荡与控制集成电路的控制下，使VT1、VT4同时导通，VT2、VT3同时导通，且VT1、VT4同时导通时，VT2、VT3同时截止，也就是说，VT1、VT4与VT2、VT3是交替导通的，使变压器初级形成交流电压，改变开关脉冲的占空比，就可以改变VT1、VT4和VT2、VT3的导通与截止时间，从而改变变压器的储能，也就改变了输出的电压值。

**④ 半桥驱动电路**

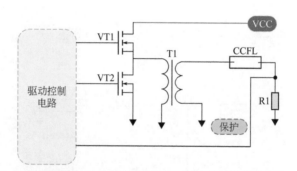

电路工作时，在振荡与控制集成电路的控制下，使VT1、VT2交替导通，使变压器初级形成交流电压，改变开关脉冲的占空比，就可以改变VT1、VT2的导通与截止时间，从而改变变压器的储能，也就改变输出的电压值。

    不同尺寸的液晶屏，内部背光灯管数量不同，为其提供工作电压的逆变器输出的高压数量也不同，15in 液晶屏内部采用 4 根背光灯管，机内逆变组件则输出 4 组交流高压；18in、20in 液晶电视屏内部采用 6 根背光灯管，机内逆变组件则输出 6 组交流高压；30in、32in 液晶电视屏内部采用 16 根背光灯管，机内逆变组件输出 16 组交流高压；屏幕尺寸更大的液晶电视，相应逆变器输出的交流高压组数同样更多。

## ▶ 4.3.2　全桥结构 CCFL 高压逆变实际电路原理分析

    下面以长虹 LS07 机芯为例，来分析全桥结构 CCFL 高压逆变实际电路原理。

**1** 长虹 LS07 机芯背光灯板电路组成方框图

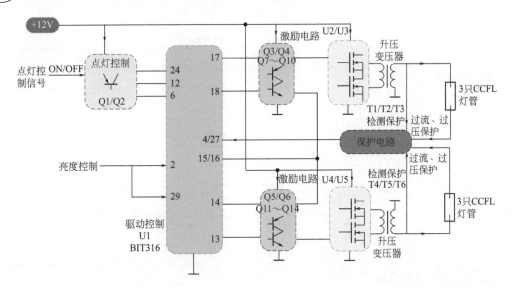

**2** BIT3106A 引脚主要功能

该逆变组件以 U1（BIT3106A）为核心，采用全桥变换处理电路，向液晶屏内部 6 只背光灯管提供交流高压。

| BIT3106A 引脚主要功能 | | |
|---|---|---|
| 脚号 | 符号 | 主要功能 |
| 1 | VREF（REF） | 参考电压输出 |
| 2 | INNB | 误差放大器 B 反相输入 |
| 3 | CMPB | 误差放大器 B 输出 |
| 4 | CLPB | B 组灯管单元电流检测输入，当该脚电压低于 0.3V 或灯管开路时，电路处于保护状态 |
| 5 | CLAMPB | B 组灯管单元过电压保护输入，该脚电压高于 2V 时，B 组灯管将关闭 |
| 6 | AVDD | 模拟电路电源输入 |
| 7 | SST | 软启动控制 |
| 8 | RTDLY | 基准电流设置。该脚与 7 脚外接电容进行组合，共同决定灯管的点亮时间；与 9 脚外接电容进行组合，共同决定灯管的工作效率；与 23 脚外接电容进行组合，共同决定亮度控制器的工作效率 |
| 9 | CTOSC | 振荡频率控制外接电容器，与 8 脚外接电阻组合，共同决定灯管的工作效率 |
| 10 | SYNCR | 同步控制外接电阻到电源 |
| 11 | SYNCF | 同步控制外接电阻到地 |
| 12 | PVDD | 驱动电路电源输入 |
| 13 | POUT2B | 驱动器 B 输出 2，驱动 P 沟道场效应晶体管 |
| 14 | POUT1B | 驱动器 B 输出 1，驱动 P 沟道场效应晶体管 |
| 15 | NOUT1 | 驱动器 A、B 输出 1，驱动 N 沟道场效应晶体管 |
| 16 | NOUT2 | 驱动器 A、B 输出 2，驱动 N 沟道场效应晶体管 |
| 17 | POUT1A | 驱动器 A 输出 1，驱动 P 沟道场效应晶体管 |
| 18 | POUT2A | 驱动器 A 输出 2，驱动 P 沟道场效应晶体管 |

续表

| 脚号 | 符号 | 主要功能 |
|---|---|---|
| | | BIT3106A 引脚主要功能 |
| 19 | PGND | 驱动输出电路接地 |
| 20 | READYN | 系统工作指示 |
| 21 | PWMOUT | PWM 亮度脉冲输出 |
| 22 | DIMDC | 亮度控制输入 |
| 23 | CTPWM | PWM 亮度控制频率设置，与 8 脚外接电阻共同决定 PWM 亮度控制器的频率 |
| 24 | EA | 芯片使能点灯控制输入 |
| 25 | AGND | 前置电路接地 |
| 26 | CLAMPA | A 组灯管过压保护输入，当该脚电压高于 2V 时，A 组灯管将关闭 |
| 27 | CLPA | A 组灯管单元电流检测输入，当该脚电压低于 0.3V 或灯管开路时，电路处于保护状态 |
| 28 | CMPA | 误差放大器 A 输出 |
| 29 | INNA | 误差放大器 A 反相输入 |
| 30 | INP | 驱动器 A、B 同相输入 |

**③ 长虹 LS07 机芯背光灯板电路工作原理**

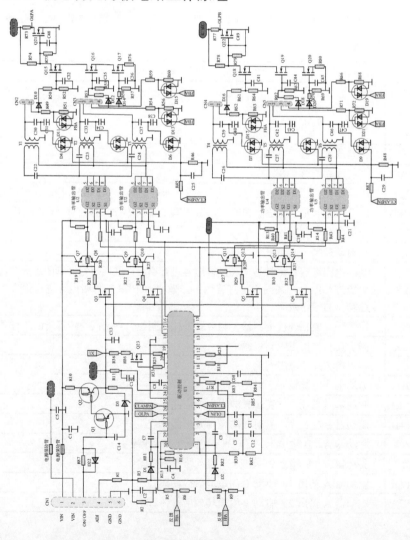

| | 长虹 LS07 机芯背光灯板电路工作原理 |
|---|---|
| 接口电路 | 　　逆变器组件与外部电路一般只有输入接口和输出接口。输入接口主要包括 3 个电平：一是逆变器的工作电压；二是逆变器开启与关闭的控制电压；三是逆变器输出电流控制电压 |
| 逆变器开启 / 关闭控制电路 | 　　逆变器开启关闭控制电路由 R807、Q1、Q2 等零件共同组成。主板上送来的高电平逆变器开启电压从 CN1 的 3 脚输入，经 R87 加到 Q1 的 b 极，Q1、Q2 导通。CN1 的 1、2 脚输入的 +12V 电压经 R10、Q2e-c 极后分两路：一路分别加到 Q3 ～ Q6g 极，另一路直接向 U1 的 12 脚提供工作电压。当主板送来 0V 逆变器关闭电平时，Q1、Q2 均截止，U1 工作电压被切断，逆变器被关闭 |
| 灯管单元亮度控制电路 | 　　R1、R2、R3、R12、D1、D2、R81、R82 共同组成 A、B 灯管单元两个控制电路，当需要控制灯管亮度时，从主板送来连续可变的控制电压从 CN1 的 4 脚输入，经 R1、R3 后分别经 D1、R81，D2、R82 加到 U1 的 29、2 脚以改变该脚直流电压，这两脚的内部为 A、B 放大器的反向输入端，两脚电压与灯管亮度成反比。实际电路中，接插口 CN1 的 4 脚经主板接地，即逆变器组件上 D1、D2 均处于截止状态，U1 的 29、2 脚无电压输入，A、B 灯管单元处于最大亮度状态 |
| 高压发生电路 | 　　高压发生电路主要由 U1 内外部电路共同组成，U1 内含振荡、频率控制、亮度控制、保护等电路。Q3 ～ Q14、U2 ～ U5、T1 ～ T6 等元件共同组成全桥变换电路，其中 T1 ～ T6 为升压变压器，U2 ～ U5 内含双 NMOS 管（一只 PMOS 管，一只 NMOS 管），U2、U3 共同完成 T1 ～ T3 初级绕组的电流变换，以点亮 A 组的三只灯管，U4、U5 共同完成 T4 ～ T6 初级绕组的电流变换，以点亮 B 组的三只灯管。由 U1 内部振荡电路产生的振荡脉冲信号经内部 A、B 放大器及其他电路处理后，从 U1 的 13、14、17、18 脚输出 PMOS 管驱动信号，从 15、16 脚输出 NMOS 管驱动信号<br><br>❶ A 组灯管单元高压形成过程　A 组灯管单元高压由 Q4、Q9、Q10、U2、U3、T1、T2、T3 组成的电路形成。U2、U3 内置 P 沟道和 N 沟道 PMOS 管，从 U1 的 18 脚输出的驱动信号经 Q4、Q9、Q10 放大后，经 R37 加到 U3 的 4 脚，经内部 PMOS 管放大后从 5、6 脚输出；从 U1 的 15 脚输出的信号经 R35 送到 U2 的 2 脚，经内部 PMOS 管放大后从 7、8 脚输出；U3 的 5 ～ 8 脚输出的脉冲信号分三路进入变压器 T1 ～ T3 初级绕组<br>　　从 U1 的 17 脚输出的信号经 Q3、Q7、Q8 放大后，经 R34 加到 U2 的 4 脚，经内部 PMOS 管放大后从 5、6 脚输出，分三路经电容 C22 ～ C24 进入变压器 T1 ～ T3 初级绕组，从 U1 的 16 脚输出的信号经 R38 送到 U3 的 2 脚，经内部 NMOS 管放大后从 7、8 脚输出，直接送往变压器 T1 ～ T3 初级绕组。U2、U3 输出的信号通过 T1 ～ T3 变换后，在 T1 ～ T3 变压器次级绕组输出高压<br>❷ B 组灯管单元高压形成过程　B 组灯管单元高压形成电路由 U4、U5、Q6、Q13、Q14、Q5、Q11、Q12、T4 ～ T6 组成。电路结构和高压形成过程与 A 组相同，不再详述 |
| 输出电路 | 　　从变压器 T1 输出的电压经 CN2 的 1 脚进入 A 组灯管 1，电流从 CN2 的 2 脚输出，经 R49、R51 到地形成回路 A 组灯管 1 被点亮，为保证背光灯亮度稳定，在 R51 上端产生的电压作为负反馈信号经 D11、R5 反馈至 U1 的 29 脚内部放大器反相输入端，自动稳定 U1 相应放大器的工作状态<br>　　从变压器 T2 输出的高压经 CN3 的 1 脚进入 A 组灯管 2，从变压器 T3 输出的高压经 CN3 的 2 脚进入 A 组灯管 3，其他原理同 A 组灯管 1，这里不再赘述 |

| 长虹 LS07 机芯背光灯板电路工作原理 ||
| --- | --- |
| 电流检测保护电路 |     A 组（3 只）灯管电流检测电路由 D10、D12、D14、Q15、Q16、Q17、Q21 及 U1 的 27 脚内部电路组成。下面以灯管 1 为例加以说明，其他灯管电流检测原理与此相同<br>    接在 CN2 上的灯管 1 点亮后，将在 R49 上端形成检测电压，该电压经 D10、R50 送到 Q15（g）极；当某种原因造成 A 组 3 只灯管或其中一只电流急剧减小时，在 R49、R54、R59 上端获得的电压会急剧下降，Q15、Q16、Q17 组成的串联式电流检测电路电流下降，Q21（g）极电压上升，其导通程度增强，Q21（d）极电压下降并送入 U1 的 27 脚，当 U1 的 27 脚电压下降到 600mV 时，U1 的 17、18 脚输出的脉冲被切断，电路处于保护状态<br>    同理 B 组（3 只）灯管电流检测保护电路由 D16、D18、D20、Q18、Q19、Q20、Q22 及 U1 的 4 脚内部电路组成，电路结构及工作原理与 A 组完全相同，所以 A 或 B 组 3 只灯管中只要任意一只灯管电流下降，都将造成相应电流检测电路动作而保护 |
| 过压保护 |     过压保护电路主要用于检测变压器输出高压是否异常升高，U1 有两个过压检测端口，分别为 U1 的 5 脚、26 脚。26 脚用于检测 T1、T2、T3 输出的高压，5 脚用于检测 T4、T5、T6 输出的高压。下面以 T1、T2、T3 高压保护电路为例，介绍该电路工作原理<br>    T1 输出的高压经 C30、C31 分压再经 D4 整流 C25 滤波；T2 输出的高压经 C33、C34 分压，再经 D5 整流、C25 滤波；T3 输出的高压经 C37、C38 分压，再经 D6 整流、C25 滤波，该三组电压经 R45、R46 分压后送入 U1 的 26 脚。当 T1、T2、T3 同时或任意一组次级输出高压由于某种原因升高，C25 滤波后的电压相应升高，进而造成 U1 的 26 脚电压高于 2V 时，U1 内部将有 180μA 电流送到内部前置放大器的反向输入端，U1 的 17、18 脚输出的脉冲关断，T1、T2、T3 次级无高压输出，与之相连的背光灯熄灭，达到保护目的<br>    T4、T5、T6 输出的高压检测电路由 C39、C40、C42、C43、C46、C47、D7、D8、D9、C29、R47、R48 及 U1 的 5 脚内部完成，保护过程同上 |

## ▶ 4.3.3 LED 背光灯电路

    下面以海信 32in 液晶电视 LED 背光灯（电视电源＋背光灯二合一）电路为例来分析其工作原理。

### ① OZ9957 引脚功能和内部电路组成方框图

| OZ9957 引脚功能 ||||
| --- | --- | --- | --- |
| 脚号 | 引脚功能 | 脚号 | 引脚功能 |
| 1 | 同步信号输入 | 9 | 软启动和补偿 |
| 2 | 振荡器频率设定 | 10 | 过压保护检测电压输入 |
| 3 | 同步信号输出 | 11 | 过压、过流、过载保护设定 |
| 4 | 模拟地 | 12 | 使能端（启动控制电压输入） |
| 5 | 相位设定 | 13 | 电源 |
| 6 | PWM 调光控制信号输入 | 14 | 参考电压输出 |
| 7 | LED 电流检测输入 | 15 | 驱动脉冲输出 |
| 8 | 功率 MOS 管电流检测输入 | 16 | 功放地 |

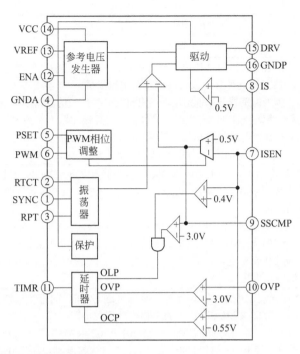

## ② OZ9957 组成的背光灯电路

N901（OZ9957）为白光 LED 和 RGBLED 控制和 DC/DC 转换专用集成块。该集成块具有工作电压宽（4.5～30V）、工作频率高（最高可达 600kHz）的特点，并内置关断延时定时器、过流和过压保护、软启动、相移可变调光控制、系统同步控制等多个模块电路。

该驱动电路主要由驱动脉冲形成电路、升压和电流稳定电路、过流保护电路、过压保护电路、短路保护电路、调光控制等电路组成。

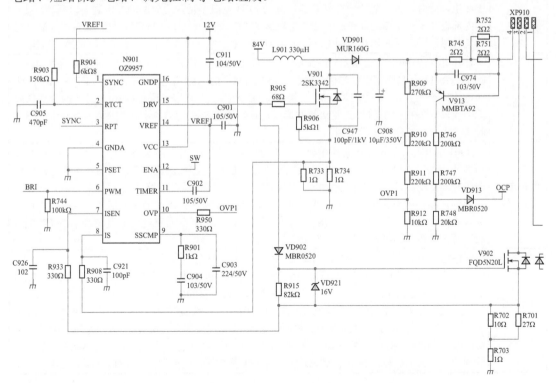

| OZ9957 组成的背光灯电路原理 | |
|---|---|
| 电源供电 | OZ9957 的 13 脚为供电电压；4 脚为地 |
| 驱动脉冲形成电路 | 驱动脉冲形成电路的作用是形成自动升压电路所需要的驱动脉冲信号。该部分电路主要由 N901 的 2、15 脚外接元件和集成块内部相关电路组成<br><br>OZ9957 的 2 脚为振荡器频率设定端，当来自信号处理板的启动控制电压加到 OZ9957 的 12 脚时，内部振荡电路就会启动，产生振荡脉冲信号。振荡电路产生的振荡脉冲信号经内部电流管理器、驱动放大器等电路处理和放大后从 15 脚输出，然后分为两路：一路加到 MOS 管 V901 的栅极，作为 V901 的驱动信号；另一路经 VD902 加到 V902 的控制极，作为 V902 的驱动信号 |
| 升压电路 | 升压电路主要由 V901、L901、VD901、R733、R734、C908、R702、R701 等元件组成。L901 为储能电感。V901、L901、VD901、R733、R734、C908 等元件组成的电路与开关电源中的 PFC 电路相似<br><br>当 N901 的 15 脚输出的脉冲信号加到 V901 的栅极时，V901 导通，并在 L901 中形成左正右负的电压，V901 导通期间，能量被储存在 L901 中；V901 截止时，储存在 L901 中的能量通过 VD901 向 C908 充电，这时，C908 上的电压将是 84V+ 充电电压，两种叠加电压即为 LED 背光灯的驱动电压 |
| 电流稳定、过压电路 | ❶ 在 LED 背光驱动电路中，驱动电压稳定是通过 LED 的电流反馈实现的。电流稳定电路主要由 R703、R702、R701 和 N901 的 7 脚内部相关电路组成。<br><br>LED 背光点亮后，流过灯条的电流在 "R701 R702+R703" 上形成反映灯条电流大小的取样电压，该取样电压经 R933 加到 N901 的 7 脚，7 脚内接基准电压为 0.5V<br><br>当由于某种原因（如来自开关电源的电压升高导致 LED 驱动电压升高，或 LED 灯条中有少量发光二极管击穿）导致灯条电流增大时，在电流管理器的电压比较器中与基准电压进行比较，当电压超过 0.5V 时，电流管理器就会启动进入工作状态，输出控制信号去调整 15 脚输出的驱动脉冲的占空比，使 V901 的导通时间缩短，LED 驱动电压降低，灯条电流下降回到正常值<br>❷ 7 脚既是灯条电流稳定的检测信号输入脚，又是灯条过流信号检测输入脚<br>LED 驱动电路中的过压保护实际上是灯条中的 LED 发光二极管开路保护<br><br>当 LED 灯条内部出现开路或接插件接触不良时，灯条中无电流流过，电流取样电阻上无电压产生，此时，为了防止电流管理器误判为 LED 电流不足，避免驱动电压进一步升高，在 7 脚内部设计了一个断路保护（OLD）比较器，当 7 脚电压低于 0.4V 时，比较器输出控制信号去延器器，通过延时器对驱动电路进行控制，使驱动电压停止工作，15 脚无驱动脉冲输出 |
| 过流保护电路 | 升压电路中的 R733、R734 和 N901 的 8 脚内部电路组成升压电路中的过流保护电路，R733、R734 为取样电阻。当因某种原因导致 V901 的电流超过正常范围时，R733、R734 上的电压就会上升，该电压经 R908 加到 N901 的 8 脚，当 8 脚电压超过 0.5V 时，内接比较器就会反转，输出控制信号到驱动脉冲形成电路，去调整驱动脉冲的占空比，使 V901 的导通时间缩短，电流回到正常范围 |
| 保护电路延迟 | N901 的 9 脚外接电容为延时电容。该电容与内部相关电路组成延迟电路，延时时间的长短由其外接电容、电阻和集成块内部相关元件组成的时间常数决定。其作用是使保护电路延迟一段时间启动，以避免保护误动作。因为通常来讲，LED 驱动电路的电压输出接口与 LED 背光源的插座接触不良出现瞬间打火，或外部环境出现异常大幅度的脉冲信号干扰时，也可能导致流过灯条的电流瞬间异常增大。这种情况下，完全有可能使电路出现误动作，导致电视机呈现光栅消失的故障现象 |
| 短路保护电路 | 短路保护电路由 V913、R745、R752、R751、VD913 等元件组成<br><br>LED 正常工作或 LED 灯条中只有少量发光二极管击穿短路时，由于流过电阻 R745、R752、R751 的电流较小，它们上的压降也较小，V913 的基极和发射极间的电压降基本相等，V913 截止不工作。当 LED 灯条有相当部分的发光二极管击穿短路时，即使是 N901 内部保护电路启动，N901 无驱动脉冲输出，加在灯条上的由开关电源送来的 +84V 电压也会使流过灯条的电流大幅增加，此时，R745、R752、R751 上的压降就会上升，V913 基极电压就会大幅下降而使 V913 由截止转为导通，其集电极输出高电平经 VD913 去开关电源，使开关电源停止工作，+84 V 无电压输出 |

续表

| OZ9957 组成的背光灯电路原理 | |
|---|---|
| 调光控制 | N901 的 6 脚为调光控制信号输入脚。当需要对背光亮度进行调整时，信号处理板中的 CPU 就会输出一个频率约 200Hz 的调光控制脉冲信号到 N901 的 6 脚，该信号经内部处理后直接输往 PWM 调制电路，对脉冲振荡电路输出的脉冲信号进行调制<br><br>当调制信号为高电平时，15 脚无驱动脉冲信号输出，V901、V902 截止，LED 的驱动电压仅 +84V，LED 会因驱动电压低而熄灭。由于调光信号的频率远高于人眼所能识别的频率，所以调光时，看不见屏幕上光栅消失的情况 |
| 同步控制 | 在 LED 液晶电视中，组成背光的灯条往往不止一个，为了保证每个灯条发光的一致性，需要每个驱动电路同步工作。集成块的 1、3、5 脚即为同步工作相关脚。N901 设定为同步工作主芯片，通过 1、5 脚外接元件设定，3 脚输出同步控制信号到其他集成块，使其他芯片同步工作，保证背光亮度的一致性。9 脚为补偿和软启动脚，通过外接元件选择，即可设定启动延迟时间，并消除杂波干扰 |

## 4.4 电源 + 背光灯二合一板电路结构

### 4.4.1 实战 13——长虹二合一板组件的识别

**① FSP 二合一板组件的识别**

- 市电输入
- 灯管输出插座
- 高频变压器
- 开关变压器
- 灯管输出插座
- 供电输出级开/待机控制
- 板号标记
- 供电输出

② 力铭二合一板组件的识别

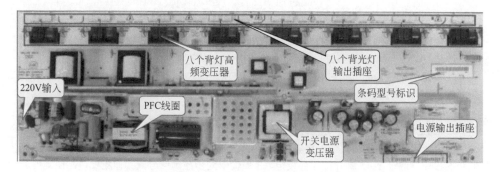

③ ISP 二合一板组件的识别

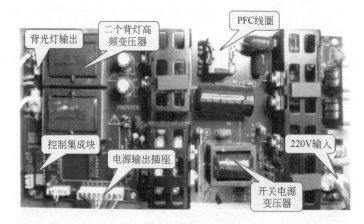

## ▶ 4.4.2 实战 14——长虹二合一板组件逻辑关系及接口

① 力铭二合一板组件逻辑关系及接口

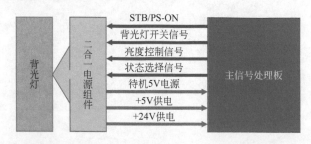

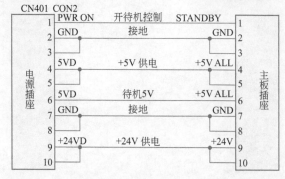

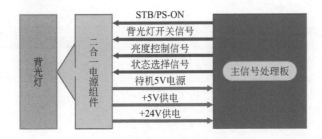

### 2 IPOS 二合一板组件逻辑关系

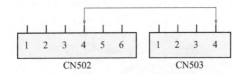

## 4.4.3 实战15——长虹二合一板组件故障判断及去保护的方法

### 1 FSP 机芯方案

1 FSP 050-2L04 或 FSP38-2L01

让电源(FSP-050-2L04或FSP38-2L01)单独工作只需模拟主板发出的开机信号,如图所示,将CN503的第3或4脚短接到CN502第4脚背光灯的开待机控制引脚即可将背光灯打开。这样可以轻松判断主板还是电源板故障。

在判断灯管还是二合一组件故障时,可以通过断开图所示的JP2。这时如果某根灯管损坏或只有一根灯管好的都不会保护,如果断开还保护就是电源故障,不保护就可以看是哪一根灯管损坏不亮。

FSP 050-2L04 去保护的方法

❷ FSP 107-2PS01 单独工作

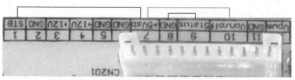

—— 红线为模拟主板电源打开的短接方法

—— 绿线为模拟主板发出的背灯开关控制信号

—— 蓝线为模拟主板发出的选择信号将其对地短路

> 注意：若先将10脚与7脚短接，背光灯闪亮一下就会熄灭，所以需要有顺序短接。

FSP 107-2PS01单独工作

❸ FSP 160-3P101 和 FSP 160-3P101A 单独工作

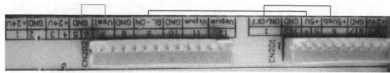

—— 红线为模拟主板电源打开的短接方法

—— 绿线为模拟主板发出的背灯开关控制信号

—— 蓝线为模拟主板发出的选择信号将其对地短路

FSP 160-3P101和FSP160-3P101A单独工作

❹ FSP 304-3P101 单独工作

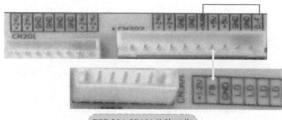

FSP 304-3P101单独工作

❺ FSP 055-2P103 去保护

当灯管损坏而引起开机2s后背灯熄灭时，可将图所示的JP14断开去掉保护，此时通电时间不能太长，如果灯管打火，去掉保护后可能会损坏集成块。

FSP 055-2P103去保护

FSP055-2P103去保护注意事项

去掉保护后可断开灯管示意图
　　注意：去掉保护后，如果只有一根灯管工作或左(A、B)和右(C、D)各有一根灯
管工作，在E处将会出现打火现象，此时不能通电时间过长，须立即关闭电源。
　　去掉保护后可断开A、B、C、D任何一根灯管插座；也可断开A、B二根灯管插
座；还可断开C、D二根灯管插座；断开后其他灯管能正常工作。
　　不能同时断开A、B与C、D两组的其中一根灯管，那样会在E处出现打火现象，
并且，通电时间过长会烧坏电源逆变器元件。

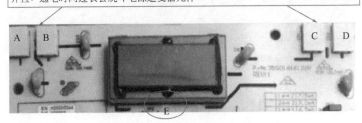

## ② 力铭方案

### ❶ VLC82001.50 单独工作

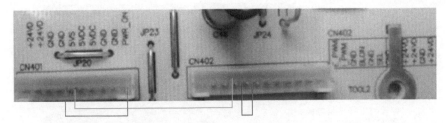

—— 红线为模拟主板电源打开的短接方法
—— 绿线为模拟主板发出的背灯开关控制信号
—— 蓝线为模拟主板发出的选择信号将其对地短路

### ❷ VLC82001.50 去保护的方法

将JR1或JR3断开即可去掉保护。

注意：断开超过一根灯管，不能起到去保护作用，还会引起断开的灯管插座处打火，这时不能通电时间过长，否则会烧坏二合一组件。

❸ VLC82002.50 单独工作

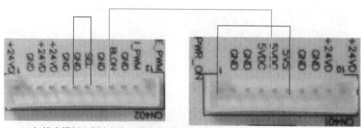

—— 红线为模拟主板电源打开的短接方法
—— 绿线为模拟主板发出的背灯开关控制信号
—— 蓝线为模拟主板发出的选择信号将其对地短路

## ③ IPS 方案

❶ VLC82002.50 去掉背光灯保护的方法

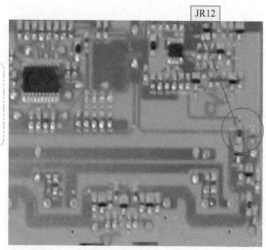

将JR12断开去掉保护后，去掉任意一个或只留一个灯管插座，只是断开灯管不亮而其他灯管正常工作，用以判定是电源还是灯管故障。

❷ IPO250 去掉背光灯保护的方法

SW1第1、2脚为屏幕尺寸选择；第3脚为背光灯亮度控制模式选择；第4脚为老化模式选择。
将开关4拨到右边，逆变电路将可以去掉灯管单独工作而不保护。

## ⏺ 4.4.4 实战 16——TCL LE921 二合一板元件的布局识别

### ① TCL LE921 二合一板方框图

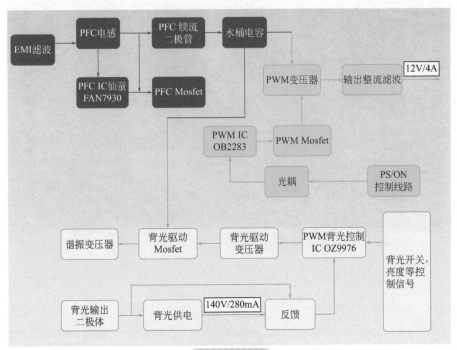

电源系统方框图

### ② TCL LE921 二合一板正面图

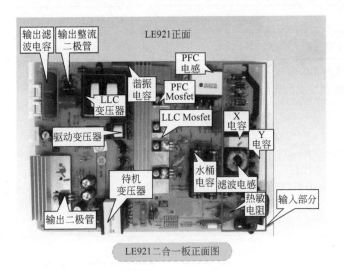

LE921 二合一板正面图

**③ TCL LE921 二合一板反面图**

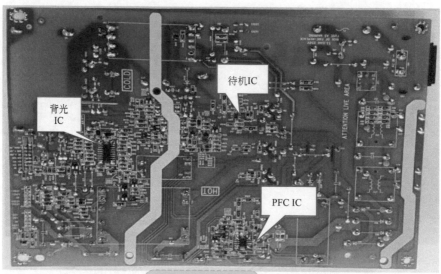

LE921二合一板反面图

## 4.5 逆变器的故障判断方法

### ▶ 4.5.1 维修逆变器前需要明白的几个问题

| 维修逆变器前需要明白的几个问题 | |
| --- | --- |
| 1 | 逆变器在维修量中占有较大的比例，一般是可以维修的 |
| 2 | 由于逆变器是显示屏供应商供屏时自带的，供应商出于对技术的保密性，生产厂家也可能拿不到电路图和 IC 的资料，因此，给维修者带来了很大的难处 |
| 3 | 逆变器有三个输入信号，分别是供电电压、开机使能信号和亮度信号。其中供电电压（正极：VIN，负极 GND）由电源板提供，一般为直流 24V（个别小屏幕为 12V 或 18V）；开机使能信号（END、ON/OFF、BL-ON、ASK）即开机电平由 CPU 提供，高电平 3V 时背光板工作，低电平背光板不工作；亮度控制信号（DIM、AMD、PWMA、ADJ、BRIGHTNESS、VBR）由数字板提供，它是一个 0～3V 的模拟直流电压，改变它可以改变背光板输出交流电压的高低，从而改变灯管的亮度<br>以上是逆变器工作的必备条件 |
| 4 | 背光驱动电路的供电端子一定有一个保险电阻 |

逆变器实物特点如下。

灯管插座的每一端与升压变压器的一个次级高压输出端相连，该脚所连的电容(贴片或瓷片)即为过压保护取样电容，电容的另一端接一个整流二极管，二极管正端的电压即为电压反馈取样电压。有的电路在升压变压器的次级接地端会接一个二极管，则该二极管即为电流取样二极管。

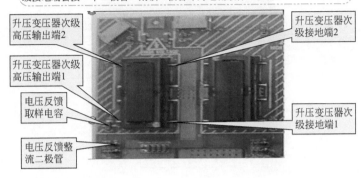

升压变压器次级高压输出端2
升压变压器次级接地端2
升压变压器次级高压输出端1
升压变压器次级接地端1
电压反馈取样电容
电压反馈整流二极管

## 4.5.2 LCD 逆变器故障判断方法

### 1 LCD 逆变器故障逻辑判断图

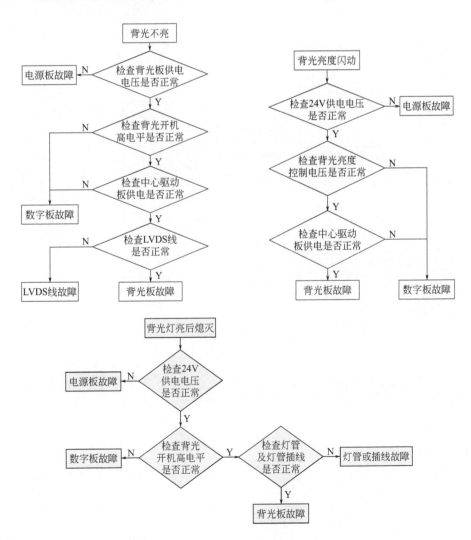

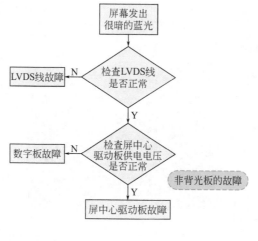

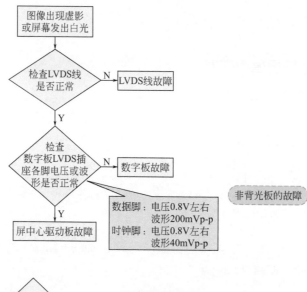

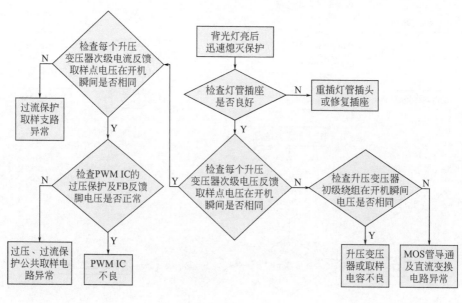

② 怎样快速判断逆变器是否有故障

| 怎样快速判断逆变器是否有故障 | |
| --- | --- |
| 逆变器工作的必要条件 | 逆变器工作的必要条件：一是电源供电电压；二是CPU对逆变器的开关控制信号；三是亮度控制信号 |
| 不需要主板快速判断逆变器是否有故障 | 首先将电源板强制打开（开 / 待机脚 POWER 接高电平），而后检查电源各组输出电压是否正常（+24V 或 +18V、+5V）。在各组电源正常的情况下，将 +24V 或 +18V 接至逆变器的 +24V 或 +18V 处；+5V 接至灯管亮度控制处；再接一个 4.7kΩ 的电阻到 +5V，电阻另一端接至逆变器的控制端。此时若逆变器和灯管是正常的话，就应该出现正常的光栅，否则就判断为主板信号有故障 |

③ 逆变器易损器件的测量

❶ 升压变压器

升压变压器初级绕组阻值为 0.5Ω 左右，两个绕组串联起来阻值为 1Ω 左右（有些电路设计时，直接将两个初级绕组串联起来，初级绕组的另一端悬空）。升压变压器次级绕组阻值在 500 ～ 1000Ω。若出现开机 2s 后保护时，可对比测量各升压变压器的绕组阻值，将绕组阻值异常的变压器更换。

❷ MOS 管

背光板上的 MOS 管电路为双 MOS 管集成电路，有两个 N 沟道 MOS 管的如 3N06 P726B；有一个 N 沟道 MOS 管、一个 P 沟道 MOS 管的如 FDS8958A。一般 1、3 脚为源极，2、4 脚为栅极，5、6、7、8 脚为漏极。

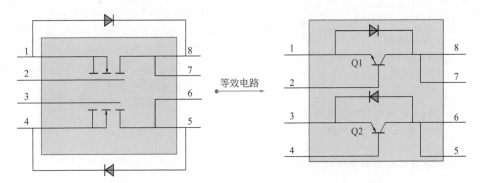

等效电路

图中为FDS8958A内部电路图。用万用表单独测量MOS管电路时，5、6脚是相通的，7、8脚之间因有反向保护二极管，因此正向有几十千欧的阻值，其他引脚之间的阻值均为无穷大。在板上因为有外围电路的影响，测量时各脚之间会有不同的阻值，但除了5、6、7、8脚外其他引脚之间不应该短路，若出现短路情况则为MOS管损坏。

## ④ 高压板损坏后故障特点及排除方法

| 高压板损坏后故障特点 | | |
|---|---|---|
| 故障现象 | 故障原因 | 排除方法 |
| 瞬间亮后马上黑屏 | 该问题主要为高压板反馈电路起作用导致,如:高压过高导致保护、反馈电路出现问题导致无反馈电压、反馈电流过大、灯管PIN松脱、IC输出过高等等都会导致该问题,原则上只要IC有输出、自激振荡正常,其他的任何零件不良均会导致该问题,该现象是液晶显示器升压板不良的最常见现象 | ❶ 短接法 一般情况下,脉宽调制IC中有一脚是控制或强制输出的,对地短路该脚则其将不受反馈电路的影响,强制输出脉冲波,此时升压板一般能点亮,并进行电路测试,但要注意:此时具体故障点位还未找到,因此短路过久可能会导致一些意想不到的现象,如高压线路接触不良时,强制输出可能会导致线路打火而烧板<br>❷ 对比测试法 因液晶显示器灯管采用均为2个以上,多数厂家在设计时左右灯管均采用双路输出,即两个灯管对应相同的两个电路,此时,两个电路就可以采用对比测试法,以判定故障点位。当然,有的机子用一路控制两个灯管时,此法就无效 |
| 通电灯亮但无显示 | 此问题主要为升压板线路不产生高压导致,如:+12V未加入或电压不正常、控制电压未加入、接地不正常、IC无振荡/无输出、自激振荡电路产生不良等均会出现该现象 | 检查高压电路 |
| 三无 | 若因升压板导致该问题,则多数均为升压板短路导致,一般很容易测到,如:+12V对地、自激管击穿、IC击穿等。另外,二合一板的机子,若电源无输出或不正常等亦会产生 | 维修时可以先切断升压部分供电,确认是哪一方面的问题<br>要判定是电源问题还是升压部分问题,可切断升压线路的供电线路,再测试电源输出的+12V或+5V等是否正常,以此来判定问题出在哪部分。但值得注意的是:切断时要看仔细,勿直接切断+12V或+5V整流线路,那样可能导致电源无反馈电压而升过高,导致爆炸等问题(该状况类似直接切断CRT显示器的行管C极及输出反馈电路) |
| 亮度偏暗 | 升压板上的亮度控制线路不正常、+12V偏低、IC输出偏低、高压电路不正常等均会导致该问题,部分机子可能伴随着加热几十秒后保护,产生无显示 | 检查升压板 |
| 电源指示灯闪 | 该问题同三无现象差不多,多数为管子击穿导致 | 更换管子 |
| 干扰 | 主要有水波纹干扰、画面抖动/跳动、星点闪烁(该现象为少数,多数为液晶屏问题)等 | 主要是高压线路的问题 |

**⑤ 高压板之黑屏（背光灯不亮）**

背光灯不亮多数是逆变器电源电路故障，电源电路一般都有多级保险管。保险管元件标号一般为F开头。图中的保险管在维修中一般最常见的是开路。当测量保险管开路时，先测量后级电路有没有短路现象。如果没有短路现象时，就可以直接更换保险管，然后试机。

有些液晶屏的控制电路供电会有一个稳压或分压电路，维修时要测量控制电路供电是否正常。

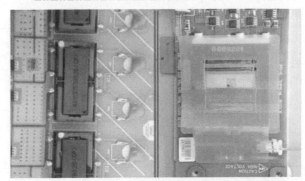

背光灯源闪一下就黑屏，一般为逆变器和保护电路有故障，在此故障中逆变器损坏较多，可以通过多个变压器的对比阻值测量来判断不良部位。

保护电路一般在逆变器电路板的上下两端或各个变压器的输入端。由于一般没有图纸，多采用对比阻值测量维修。通过测量不同的变压器的保护电路的关键点阻值来逐步判断故障。

## ▶4.5.3 CCFL 背光灯板常用的维修方法

| CCFL 背光灯板常用的维修方法 | | |
|---|---|---|
| 电压法 | 高压的测量方法及注意事项 | CCFL 背光灯板的升压输出电路，由于其电压较高，且为交流电，往往超过万用表的测量范围，因此，在实际维修中常用以下 2 种方法：一是给万用表添加高压测试笔，可以购买专用的，也可以自己动手做。用这种测试笔测量出来的高压值，是电路的实际电压值，因此精度高；二是感应电压测量法，即用万用表的表笔去靠近测量的关键点，注意是靠近，而不是接触，或测量关键点附近有绝缘皮隔离的部位，这种示数的电压实际上是感应电压，由于数字万用表内阻高，因此测量出来的示数比指针式万用表的示数就大（例如数字表测量示数为几百伏，但指针式测量的示数为几十伏）<br>测量的关键点是：升压变压器的输入、输出端子或输出连接器<br>由于高压电压一般在 1kV 以上，因此，在测量时需注意：避免人、仪表的电击；若背光板拆卸下来测量时，应与其他电路板相距 15cm 以上；与屏蔽金属板要保持一定的距离，避免打火而放电 |
| | 黑屏电压的测量 | 对于开机后出现闪一下即黑屏的故障，多为保护电路已启动所造成。为了在开机后保护电路动作前瞬间得到测量的高电压，就需要改变测量的方法：黑表笔加装鳄鱼夹，鳄鱼夹先提前夹着地线，红表笔接触关键测试点，然后再开机，迅速读取万用表示数<br>也可以用简略的方法来判断是否有高压输出，即开机后迅速用万用表的一个表笔碰触电压输出点，若有火花拉弧现象，则为有高压，否则为无高压输出 |
| | 电压对比法 | 由于背光板电路有多组输出电路，且每个单元电路都相同，因此，具有可比性。维修时，可分别测量各路驱动电路、升压输出电路、过流检测电路的对地电阻、电压，然后将测量结果进行比对分析来判断故障源 |
| 示波器波形法 | | 有条件的情况下，建议用示波器来测量波形。波形关键点的选择为：振荡电路、控制电路、激励脉冲、驱动输出电路、高压输入电路和高压输出电路等 |
| 观察法 | 看电路板 | 观察背光板上元器件是否开焊、炸裂、烧焦、变色、缺失，输出连接器的插头、插座是否有接触不良现象等 |
| | 手摸功率元器件的温度 | 升压变压器、功率管或集成电路在正常工作时是会有温升的，关机后，手摸功率元器件的温度，可以粗略地判断出该电路是否有问题。若没有温升，说明没有工作；若温升正常，说明已工作；若温度过高，说明过载有异常 |
| | 看背光灯 | 背光灯是否老化可以通过观察法进行判断。一般来说，在老化的灯管端部，会看见类似于普通荧光灯老化后的发黑现象，这时就说明灯管已经不能用了，需要更换 |
| 假负载及代换法 | 接假负载 | 为了区分判断是背光板电路还是灯管有问题，一般采用接假负载的方法，因为不连接灯管会因为保护电路启动而影响判断，因此采用假负载的方法。在高压电路的高压输出端用一个 150kΩ/10W 的水泥电阻来代替灯管，这样就方便多了 |
| | 背光灯板的代换 | ❶ 背光灯板的供电电压一般要与原板电压相同。同时也要考虑供电电流符合要求<br>❷ 背光板的输出功率要同原板一样或高于原板<br>❸ 点灯控制电压和亮度调整电压要与原板相同或相近<br>❹ 灯管输出端子的形状要一致，因为灯板输出接口有宽接口和窄接口之分<br>❺ 要考虑背光板的体积及形状，以不影响其装配<br>❻ 背光灯板驱动灯管的个数要与原板一致 |

## 4.6 背光灯电路维修案例

| 故障现象 | 背光灯不亮 |
|---|---|
| 故障机型 | TCL LE32D99　机芯 MS182 |
| 故障分析 | 电源、主板、背光驱动电路等有问题 |
| 维修方法 | ❶ 试机发现指示灯有正常的开机程序<br>❷ 检测电源板各组输出电压基本正常<br>❸ 检测数字板输出给背光电路的驱动电压也基本正常<br>❹ 检测 U4 背光驱动电路的工作条件，没有发现异常<br>❺ 继续检查背光驱动管 Q3，发现 Q3 已经损坏。更换这个三极管，故障排除 |

| 故障现象 | 左侧屏幕黑 |
|---|---|
| 故障机型 | TCL L42E5300A　机芯 MS99 |
| 故障分析 | 背光驱动电路有问题 |
| 维修方法 | ❶ 上电试机，左侧屏幕黑。遥控、按键均可以二次开机，测试各信号源图像和伴音基本正常<br>❷ 重点检查背光升压板及外围有关电路。测量背光供电电压 24V、背光亮度控制电压 2.9V 基本正常<br>❸ 继续测量 P602 的 10 脚背光升压输出脚右侧 93V 也正常，测量 1 脚 24V 左侧，左侧升压电路没有工作。由于升压板是两路升压驱动输出，且电路是对称的，为了区分是发光条还是背光左侧升压驱动电路有故障，于是将右侧的发光条插件插在升压板左侧输出上，试机故障依旧。说明是左侧驱动升压板没有工作，重点检查左侧驱动电路<br>❹ 最后检查发现是电阻 R660 断路，更换后故障排除 |

| 故障现象 | 不定时出现黑屏 |
|---|---|
| 故障机型 | TCL L42F1600E　机芯 MS881DDT |
| 故障分析 | 主要为背光板电路有问题 |
| 维修方法 | ❶ 试机发现图像、伴音正常，但一会就出现黑屏现象<br>❷ 测量背光供电 24V 正常，背光开关 BL-ON、亮度控制 DIM 电平基本正常，怀疑背光保护<br>❸ 用代换法替代背光板试机，故障不再出现。判断故障在背光驱动电路<br>❹ 重点检查过流、过压保护电路。最后发现是电阻 R464 虚焊，补焊后故障排除 |

| 故障现象 | 三无 |
|---|---|
| 故障机型 | TCL L32E19　机芯 MS19C |
| 故障分析 | 可能电源电路、主板电路或背光电路有问题 |
| 维修方法 | ❶ 试机三无，指示灯也不点亮<br>❷ 测量副电源 3.3V 电压正常<br>❸ 在电源 24V 上接上假负载，将 PO-ON 端子通过 1kΩ 电阻接在 3.3C 电源上，强制开机。测量 3.3V、12V、24V 基本正常。说明故障在主板上<br>❹ 常用强制的方法将 12V 加到主板，测量几个稳压器的电压。3.3V、5V 基本正常。测量 U811 输入端为 0.8V，其输出端为 0V，不正常<br>❺ 继续往 U811 前检查，发现它是由 D814 供电的，测量 D814 前为 3.3V 电压，而后为 0.8V，说明该二极管开路。更换后故障排除 |

# 第5章

# 主板电路

## 5.1 简说主板电路的结构

　　本章以长虹 LT4018 机型、LS10 机芯（除了特殊说明外）液晶电视为例进行详解主板实际电路。长虹 LS10 机芯液晶电视的代表机型主要有 LT3712、LT3712、LT3212、LT3288、LT3788、LT4288、LT4028、LT3219、LT3719、LT4019 等。

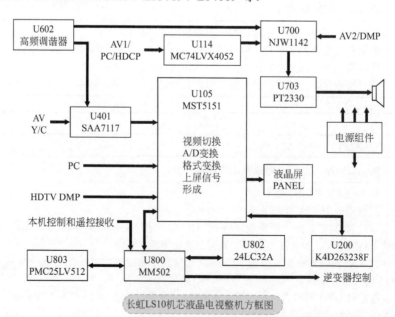

长虹LS10机芯液晶电视整机方框图

　　高频调谐器（高频头）、中放电路、视频检波电路、视频切换电路、色度 / 亮度处理电路、A/D 变换电路、数字视频处理电路、格式变换和上屏信号形成电路、帧存储器、音频信号切换和处理电路、伴音功放电路、微处理器（CPU）、程序存储器、存储器等在液晶电视中统称为信号处理电路。这些信号处理电路在选择设计方案时有以下几种情况：一是将所有信号处理电路全部设计在一个印制电路板上，这种板子称为信号处理板，简称为主板；二是将视频切换和视频信号处理电路部分分离出来单独设计安装在一个印制电路板上，这种电路设计方案形成的电路组件板通常由两块电路组件板组成，承担视频信号切换和视频处理电路任务的电路板通常称为 AV 板，承担其他任务的电路板组件就称为主板；三是将高频头、视频信号、VGA 信号等信号输入 / 输出接口电路分离出来单独安装在一个电路板上，这种电路设计方案形成的电路组件也是两块，通常将安装了高频头、视频信号、VGA 信号等信号输入 / 输出接口电路的电路板称为 AV 板，安装了其他电路组件的板称为主板。

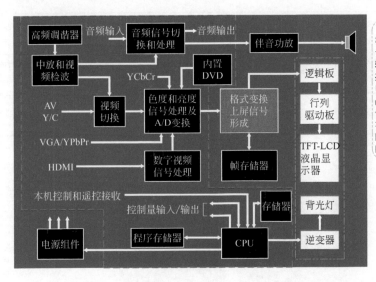

　　液晶彩电中的主板主要负责所有信号的处理及控制，输入的RF信号及外接AV等信号由主板电路处理后成为液晶面板所需的格式信号，送至液晶面板。图中红色框中的方框图就是主板的主要结构。

## 5.2　系统控制电路

### ▶ 5.2.1　简说 CPU 和总线

#### ① CPU

　　中央处理器（CPU）是液晶电视机的指挥中心，其主要作用是形成和识别用户的操作命令，它既要接受人工发出的各种操作信号，又要接受各种检测器送来的检测信号，并对各类信号加以判断和进行处理，从而转换为相应的驱动控制信号，输出到控制驱动电路，CPU 是控制系统的"大脑"。

　　CPU 体积虽小，但它内部是一个庞大而复杂的智能化集成电路，作为液晶电视机维修人员，大可不必知道其内部的工作过程，只需将它看成是一只"黑匣子"，只需了解它的工作条件、输入及输出信号情况，便可了解整体的控制原理。

## ② CPU 工作条件

| CPU 控制系统工作条件 | |
|---|---|
| 工作电压 | 必须有合适的工作电压。液晶电视机中一般采用 +3.3V 或 +5V 工作电压，即 VDD 电源正极和 VSS 电源负极（地）引脚。正极、负极是有多个引脚的 |
| 复位 | 必须有复位（清零）电压。微处理器由于电路较多，在开始工作时必须在一个预备状态，这个进入状态的过程叫复位（清零），外电路应给 CPU 提供一个复位信号，使微处理器中的程序计数器等电路清零复位，从而保证 CPU 从初始程序开始工作 |
| 时钟振荡 | 必须有时钟振荡电路（信号）。大规模的数字集成电路对某一信号进行系统的处理，就必须保持一定的处理顺序以及步调的一致性，此步调一致的工作由"时钟脉冲"控制。CPU 的外部通常外接晶体振荡器（晶振）和内部电路组成时钟振荡电路，产生的振荡信号作为微处理器工作的脉冲 |
| I²C 总线时钟线 | 时钟线的作用是为电路提供时基信号，用来统一控制器件与被控制器件之间的工作节拍，不参与控制信号的传输 |
| I²C 总线数据线 | 数据线是各个控制信号传输的必经之路，用来传输各控制信号的数据及这些数据占有的地址等内容 |
| 其他模拟量控制 | 键盘扫描输入 / 输出，音量控制，静音控制，伴音制式切换，开机 / 待机，亮度等 |

## ③ I²C 总线集成电路

> 液晶电视机一般是采用I²C总线控制方式的，I²C总线是英文inter integrated circuit bus的缩写，译为"内部集成电路总线"或"集成电路间总线"，一般称为总线。I²C总线是一种高效、实用、可靠的双向二线串行数据传输结构总线。
> I²C总线使各电路分割成各种功能模块，并进行软件化设计。这些功能模块电路内部都集成有一个I²C总线接口电路，因此可以挂在总线上，很好地解决了众多集成电路与系统控制微处理之间功能不同的压控电路，从而使采用具有I²C总线的微处理器与功能模块集成电路构成的电视机，没有调整用的各种开关和可调元器件，不但杜绝了非总线机中众多的微调元器件与开关因被氧化所产生的故障，而且还可依靠I²C总线的多重主控能力，采用软件寻址和数据传输，对电视机的各项指标和性能进行调整与功能控制。

| I²C 总线的特点 |
|---|
| I²C 总线控制实质上是一种数字控制方式，它只需两根控制线，即时钟线（SCL）和数据线（SDA），便可对电视机的功能实现控制，而常规遥控彩电中每一个功能的控制是通过专用的一根线（接口电路）进行的。I²C 总线的主要特点如下 |
| 总线上的信号传输只需用 SDA 数据和 SCL 时钟两根线。时钟线其作用是为电路提供时基信号，用来统一控制器件与被控制器件之间的工作节拍，不参与控制信号的传输；数据线是各个控制信号传输的必经之路，用来传输各控制信号的数据及这些数据占有的地址等内容 |

续表

| I²C 总线的特点 |
| --- |
| 总线上数据的传输采用双向输入（IN）/ 输出（OUT）的方式 |
| 总线是多主控，即总线具有多重主控能力，是由多个主控器同时使用总线而不丢失数据信息的一种控制方式，可以传输多种控制指令 |
| 总线上存在主控与被控关系。主控电路就是总线系统中能够发出时钟信号和能够主动发出指令（数据）信号的电路；被控电路就是总线系统中只能被动接收主控电路发出的指令并做出响应的电路 |
| 总线上的每一个集成电路或器件是以单一的地址用软件来存取，因此，在总线上的不同时间与位置上虽然传输着众多的控制信号，但各被控的集成电路或器件只把与自己的地址一致的控制信号从总线上读取下来，并进行识别处理，得到相应的控制信号，以实现相应的控制 |

I2C 总线传输原理如下。

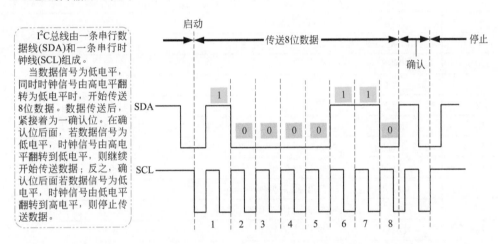

## ▶ 5.2.2 液晶电视机微控制器电路的基本组成

### ① CPU 控制器电路的基本组成

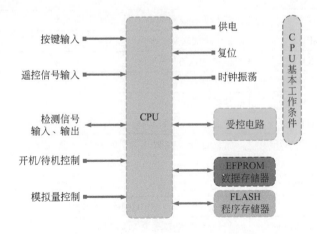

### ② 长虹 LS10 机芯 CPU 控制系统图

CPU 采用的是 MTV412。

| 脚号 | 引脚名称 | 主要功能 |
| --- | --- | --- |
| \multicolumn{3}{c}{MM502（MTV412）引脚主要功能} | | |
| 1 | LED G | 绿色指示灯控制 |
| 2 | LED R | 红色指示灯控制 |
| 3 | ALE | 地址锁存信号 |
| 4 | VDD3 | +3.3V 电源 |
| 5 | SDAE | $I^2C$ 总线串行数据，外接数据存储器 |
| 6 | SCLE | MCU 复位信号 |
| 7 | RST | $I^2C$ 总线串行时钟，外接数据存储器 |
| 8 | VDD | +5V 电源 |
| 9 | DPF-CTRL | DPF 组件 切换控制 |
| 10 | VSS | 地 |
| 11 | X1 | 振荡 |
| 12 | X2 | 振荡 |
| 13 | ISDA | PC 总线串行数据，外接 SA7117、NJW1142、高频头 |
| 14 | ISCL | PC 总线串行时钟，外接 SA7117、NJW1142、高频头 |
| 15 | PEN | 屏供电控制 |
| 16 | DPF-IR | DPF 组件控制输出 |
| 17 | BUD0 | 数据流信号 0 |
| 18 | BUD1 | 数据流信号 1 |
| 19 | MIR | 遥控信号输入 |
| 20 | BUD2 | 数据流信号 2 |
| 21 | BUD3 | 数据流信号 3 |
| 22 | WRZ | 写控制 |
| 23 | RDZ | 读控制 |
| 24 | SPISO | SPI 总线数据输出，外接程序存储器 |
| 25 | SPISCK | SPI 总线时钟，外接程序控制器 |
| 26 | KEY0 | 按键输入 0 |
| 27 | KEY1 | 按键输入 1 |
| 28 | MRXD | 数据接收 |
| 29 | MTXD | 数据发送 |
| 30 | BKL ON/OFF | 背光灯开关控制，待机时为高电平 +5V |
| 31 | STANDBY | 待机控制输出，待机时为高电平 +5V |
| 32 | SPISI | SPI 总线数据输入，外接程序控制器 |
| 33 | SPICE | SPI 总线片选，外接程序控制器 |
| 34 | RST-MST | 复位信号输出，去 MST5151 |
| 35 | RSTN | 复位信号输出，去 SAA7117 |

续表

| MM502（MTV412）引脚主要功能 | | |
|---|---|---|
| 脚号 | 引脚名称 | 主要功能 |
| 36 | HOT PLUG | HDMI 热插拔信号 |
| 37 | PLUG-VGR | VGA 端口脱机检测输入信号 |
| 38 | A-SW1 | 音频控制 1 |
| 39 | A-SW0 | 音频控制 0 |
| 40 | MUTE | 静音控制输出 |
| 41 | MT SW0 | 主高频头伴音制式控制 0 |
| 42 | MT SW1 | 主高频头伴音制式控制 1 |
| 43 | PT SW0 | 副高频头伴音制式控制 0，未用 |
| 44 | PT SW1 | 副高频头伴音制式控制 1，未用 |

### ③ 长虹 LS10 机芯 CPU 工作条件电路

长虹 LT4018 液晶电视的控制系统电路主要由微处理器 U800（MM502/ 或 MTV412）、存储器 U802（24LC32A）、程序存储器 U803（PMC 25LV512）等组成。

长虹 LS10 机芯 CPU 工作条件电路主要由集成块 MM502 的 7、8、11、12 脚外电路和集成块内部相关电路组成。

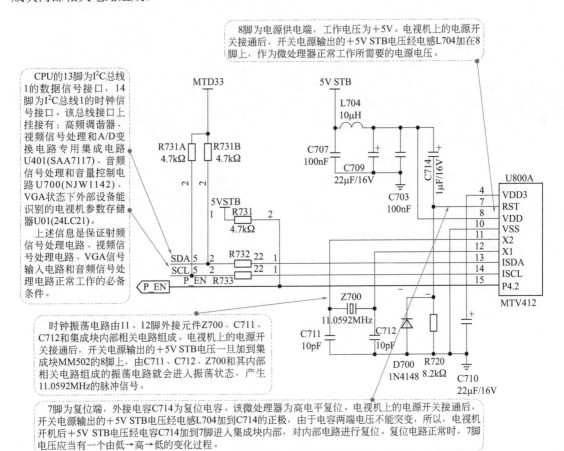

控制系统电路中的总线信号接口电路。微处理器 MM502 通过总线接口采用总线方式与被控电路进行信息交换时，既有多总线信号接口，又有 I2C 总线接口。CPU 与变频电路、程序存储器间的信息交换采用多总线方式。

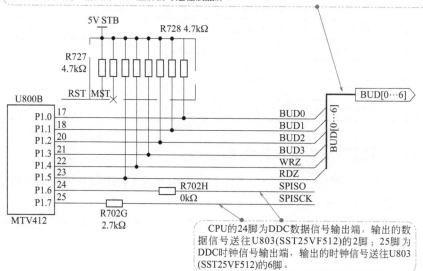

CPU的17、18、20、21脚输出的总线数据信号和22脚输出的读写控制(WRZ)信号、23脚输出的读指令(RDZ)信号、3脚输出的地址锁存(ALE)信号送往变频和上屏信号集成块MST5151A的69、70、71、72~75脚，对MST5151A的工作状态进行控制，使MST5151A完成对不同输入信号的切换和变频处理，形成统一格式的LVDS上屏信号送往液晶屏。

CPU的24脚为DDC数据信号输出端，输出的数据信号送往U803(SST25VF512)的2脚；25脚为DDC时钟信号输出端，输出的时钟信号送往U803(SST25VF512)的6脚。

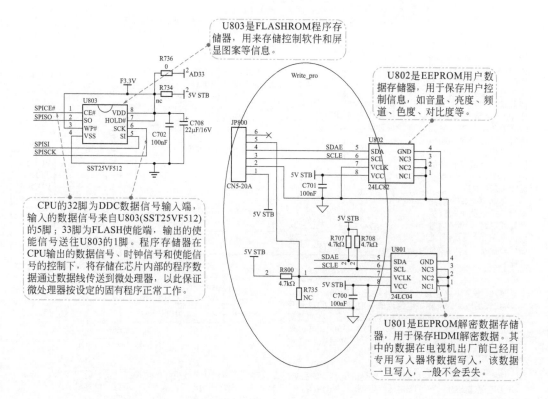

U803是FLASHROM程序存储器，用来存储控制软件和屏显图案等信息。

U802是EEPROM用户数据存储器，用于保存用户控制信息，如音量、亮度、频道、色度、对比度等。

CPU的32脚为DDC数据信号输入端，输入的数据信号来自U803(SST25VF512)的5脚；33脚为FLASH使能端，输出的使能信号送往U803的1脚。程序存储器在CPU输出的数据信号、时钟信号和使能信号的控制下，将存储在芯片内部的程序数据通过数据线传送到微处理器，以此保证微处理器按设定的固有程序正常工作。

U801是EEPROM解密数据存储器，用于保存HDMI解密数据。其中的数据在电视机出厂前已经用专用写入器将数据写入，该数据一旦写入，一般不会丢失。

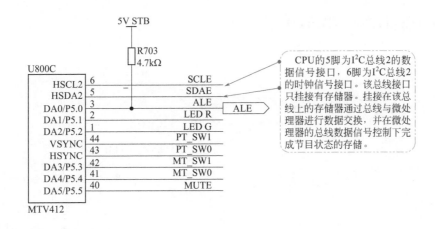

CPU的5脚为I²C总线2的数据信号接口，6脚为I²C总线2的时钟信号接口。该总线接口只挂接有存储器。挂接在该总线上的存储器通过总线与微处理器进行数据交换，并在微处理器的总线数据信号控制下完成节目状态的存储。

## ▶ 5.2.3 模拟量及控制电路接口电路

### ① 逆变器启动控制

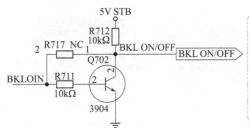

逆变器启动控制电路由Q702组成。Q702基极通过电阻R711与CPU的30脚相接，集电极通过接口JP201与逆变器相接。CPU30脚为逆变器启动控制电压输出端，电视机工作在待机状态时，30脚输出高电平约4.5V，Q702饱和导通，信号处理电路无启动控制电压加到逆变器上，逆变器不工作。电视机由待机工作状态转为正常工作状态后，CPU30脚电压由高电平变为低电平，Q702截止，+5V STB电压经电阻R712、接口JP201加到逆变器上，使逆变器启动进入工作状态。

### ② 上屏电压控制与形成电路

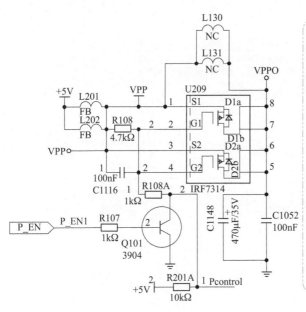

上屏电压形成电路主要由Q101、U209(IRF7314)组成。该部分电路的作用是在为液晶屏上的逻辑板提供正常工作电压的同时，消除电视机由待机状态转为正常工作状态瞬间，电源中的冲击电压对液晶屏逻辑板电路的冲击，避免开机瞬间冲击电流造成逻辑板上EEPROM内存数据丢失。

在上屏电压形成电路中，Q101为控制管，U209为电压形成电路。U209是一个DC-DC器件，它实际上是一个由两只结构相同的MOS管组成的组合器件。CPU的15脚为上屏控制电压输出端，输出的上屏控制电压经电阻R107加到Q101的基极，通过Q101实现对上屏电压形成电路工作状态的控制。电视工作在待机状态时，CPU的15脚输出高电平，Q101饱和导通，U209内部MOS管因控制极处于低电平而截止。电视机由待机转为正常工作状态后，CPU的15脚电压由高电平变为低电平，Q101截止，集电极由低电平变为高电平，U209内部MOS管因控制极电压由低电平转为高电平而饱和导通，此时，外电路加在U209的1、3脚上的+5V电压(由屏的型号决定，也可能是+12V)经U209内部电路→5～8脚→上屏信号输出接口→上屏线送往液晶屏上的逻辑板，作为逻辑正常工作所需要的电源电压。

③ 开机／待机控制、指示灯电路

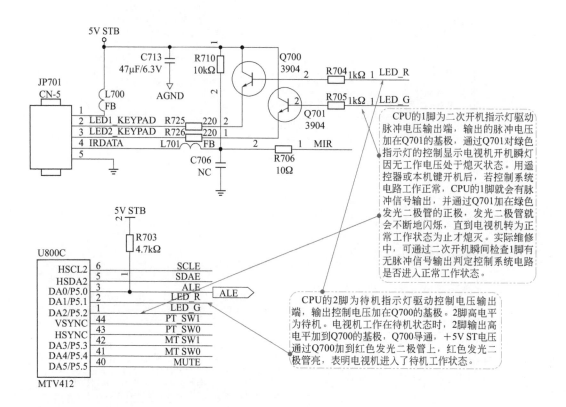

④ 遥控、键控信号电路

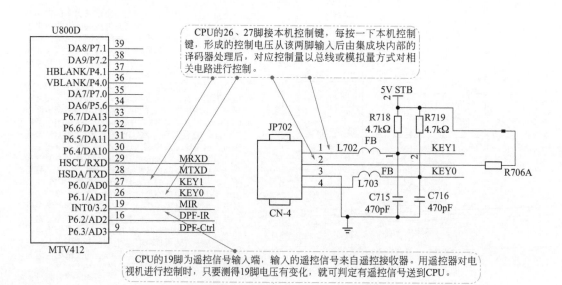

## ⑤ 音频信号切换控制电压电路

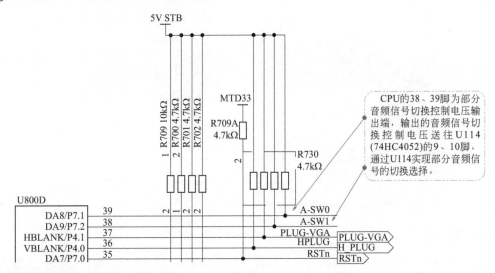

CPU的38、39脚为部分音频信号切换控制电压输出端，输出的音频信号切换控制电压送往U114 (74HC4052)的9、10脚，通过U114实现部分音频信号的切换选择。

## ⑥ 高频头控制电压电路

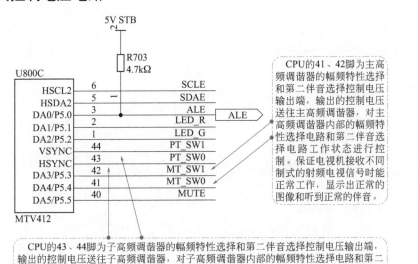

CPU的41、42脚为主高频调谐器的幅频特性选择和第二伴音选择控制电压输出端，输出的控制电压送往主高频调谐器，对主高频调谐器内部的幅频特性选择电路和第二伴音选择电路工作状态进行控制。保证电视机接收不同制式的射频电视信号时能正常工作，显示出正常的图像和听到正常的伴音。

CPU的43、44脚为子高频调谐器的幅频特性选择和第二伴音选择控制电压输出端，输出的控制电压送往子高频调谐器，对子高频调谐器内部的幅频特性选择电路和第二伴音选择电路工作状态进行控制。保证电视机接收不同制式的射频电视信号时能正常工作，子画面中能显示出正常的图像和听到正常的伴音。

# 5.3 高频调谐器和中频信号处理公共通道电路

## ⏵5.3.1 高频调谐器的作用及类型

### ① 高频头的主要作用

　　高频调谐器：调是调整、调节；谐是谐振；调谐就是调整频率，最简单地说就是调节电台节目——选台。高频调谐器简称高频头，内部的单元电路及结构较为复杂，通常将它独立装置在金属盒子里，由引脚与外电路相连接，维修有一定的困难，内部损坏后一般可采取整体代换，因此，只讨论它的引脚功能原理。

高频头的主要作用是放大和调谐从天线信号输入端接收到的RF电视信号，对这个电视信号进行放大、选频和变频，将高频RF信号变为中频信号(图像中频为38MHz和伴音第一中频30.5MHz)，送至中频信号处理电路，经中频信号处理电路解调后，输出视频信号和第二伴音中频信号(0.5MHz)或直接输出视频信号VIDEO和音频信号AUDIO。

**② 高频头类型**

　　液晶彩电中一般采用的是频率合成式高频头，基本上有2种电路结构形式，一是独立式，二是中放一体化高频头。

　　早期的液晶电视机一般采用的是独立式高频头。现在出厂的液晶电视机，一般是采用独立式高频头＋中频处理电路一体化的高频头，该高频头行业又称为二合一高频头，该高频头直接输出解调后的视频信号CVBS和第二伴音中频信号SIF（也可以直接输出解调后的伴音信号）。

**▶ 5.3.2　独立式高频头实际电路分析**

　　独立式高频头原理方框图如下。

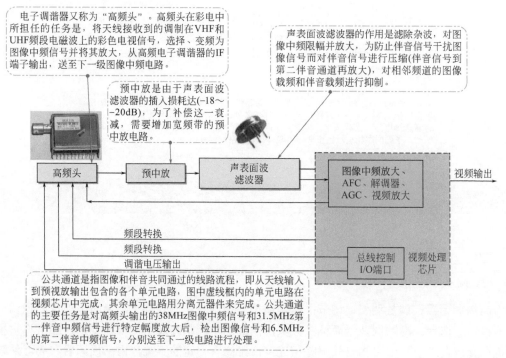

　　长虹LS29液晶彩电独立式高频头电路原理如下图所示。

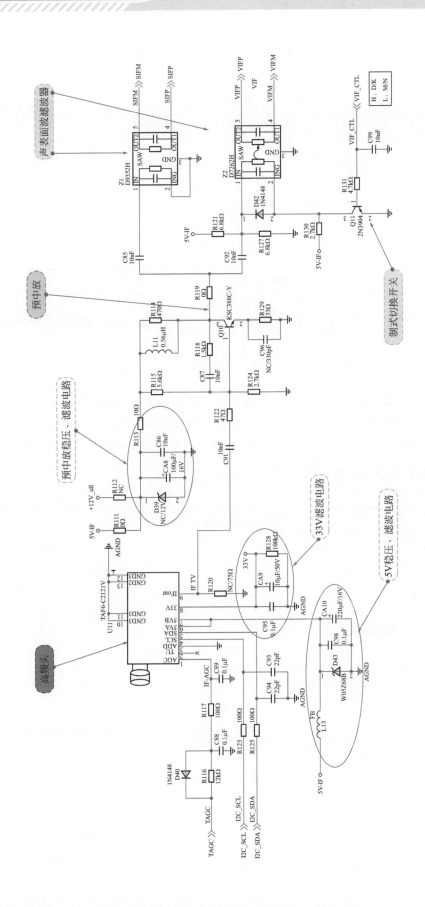

| TAF6-C212VH 高频头引脚功能 | |
|---|---|
| 引脚 | 主要功能 |
| 1 | AGC：自动增益控制输入 |
| 2 | TU：本机空 |
| 3 | ADD：地 |
| 4 | SCL：I²C 总线串行时钟 |
| 5 | SDA：I²C 总线数据 |
| 6 | 5VA：供电电源 |
| 7 | 5VB：供电电源 |
| 8 | 33V：调谐电压供电 |
| 9 | IF OUT：调谐信号输出 |

### ▶ 5.3.3  二合一高频头实际电路分析

长虹 LT4018 液晶电视信号处理电路中的高频调谐器由 U602（TM14-C22P2RW）组成。该高频头是一个高频调谐器 + 图像中频信号处理电路为一体的二合一组件，内部的高频调谐器部分采用频率合成式调谐。它输入射频电视信号，输出 TV 视频信号和音频信号。

#### ① 高频头 TM14-C22P2RW 主要引脚功能

| 高频头 TM14-C22P2RW 主要引脚功能 | | | | | |
|---|---|---|---|---|---|
| 脚号 | 名称 | 主要功能 | 脚号 | 名称 | 主要功能 |
| 1 | AGC | 射频自动增益输入端 | 9 | +30V | 调谐电压供电 |
| 2 | NC | 空 | 10 | NC | 空 |
| 3 | ADD | 地址端，对于使用双高频头的液晶彩电，通过此脚的接地或 5V 设置，可以使 CPU 识别不同的高频头，对于本机，主高频头此脚接地，副高频头此脚接 +5V | 11、12 | IF | 中频输出，该机未用 |
|  |  |  | 13 | SW0 | 伴音制式切换控制 0 |
|  |  |  | 14 | SW1 | 伴音制式切换控制 1 |
|  |  |  | 15 | NC | 空 |
| 4 | SCL | I²C 总线串行时钟 | 16 | SIF | 第二伴音中频输出，该机未用 |
| 5 | SDA | I²C 总线数据 | 17 | AGC | 射频自动增益输入 |
| 6 | NC | 空 | 18 | VIDEO | 视频输出 |
| 7 | +5V | +5V 供电 | 19 | +5V | +5V 供电 |
| 8 | AFT | 空 | 20 | AUDIO | 音频输出 |

**② 高频头 TM14-C22P2RW 实际电路原理**

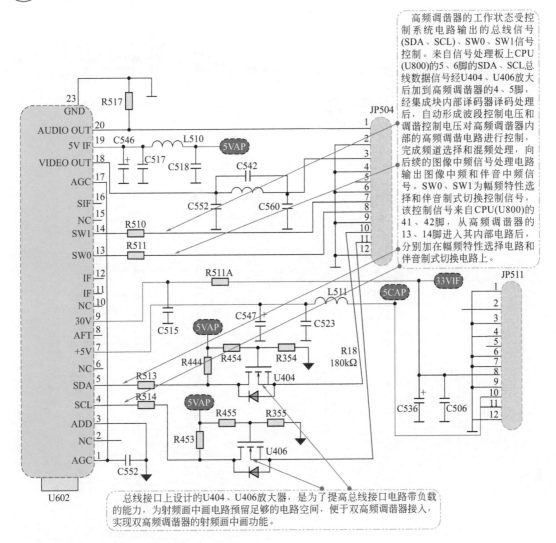

高频调谐器的工作状态受控制系统电路输出的总线信号（SDA、SCL）、SW0、SW1信号控制。来自信号处理板上CPU（U800）的5、6脚的SDA、SCL总线数据信号经U404、U406放大后加到高频调谐器的4、5脚，经集成块内部译码器译码处理后，自动形成波段控制电压和调谐控制电压对高频调谐器内部的高频调谐电路进行控制，完成频道选择和混频处理，向后续的图像中频信号处理电路输出图像中频和伴音中频信号。SW0、SW1为幅频特性选择和伴音制式切换控制信号，该控制信号来自CPU（U800）的41、42脚，从高频调谐器的13、14脚进入其内部电路后，分别加在幅频特性选择电路和伴音制式切换电路上。

总线接口上设计的U404、U406放大器，是为了提高总线接口电路带负载的能力，为射频画中画电路预留足够的电路空间，便于双高频调谐器接入，实现双高频调谐器的射频画中画功能。

**③ 高频头 +33V 电压产生电路**

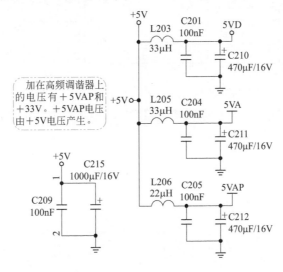

加在高频调谐器上的电压有＋5VAP和＋33V。＋5VAP电压由＋5V电压产生。

**④** 高频头 +33V 调谐电压形成电路

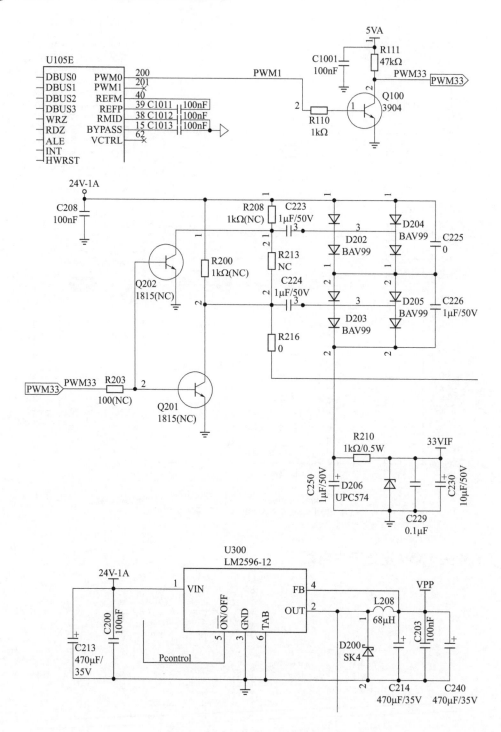

### 5 高频头接口电路

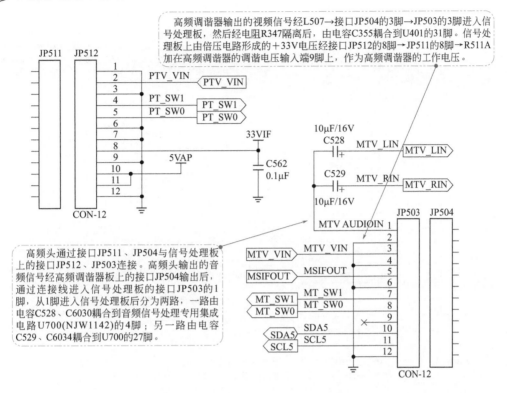

高频调谐器输出的视频信号经L507→接口JP504的3脚→JP503的3脚进入信号处理板，然后经电阻R347隔离后，由电容C355耦合到U401的31脚。信号处理板上由倍压电路形成的＋33V电压经接口JP512的8脚→JP511的8脚→R511A加在高频调谐器的调谐电压输入端9脚上，作为高频调谐器的工作电压。

高频头通过接口JP511、JP504与信号处理板上的接口JP512、JP503连接。高频头输出的音频信号经高频调谐器板上的接口JP504输出后，通过连接线进入信号处理板的接口JP503的1脚进入信号处理板后分为两路，一路由电容C528、C6030耦合到音频信号处理专用集成电路U700(NJW1142)的4脚；另一路由电容C529、C6034耦合到U700的27脚。

## 5.4 视频信号输入接口和处理电路

LT4018 液晶电视设计有两路 AV（AV1、AV2）信号输入接口，两路 SVHS 信号输入接口，一路 YPbPr 与 YCbCr 共用信号输入接口，一路 VGA 信号输入接口，一路视频信号输出接口。

### 5.4.1 AV 信号输入接口电路

#### 1 AV 信号输入接口

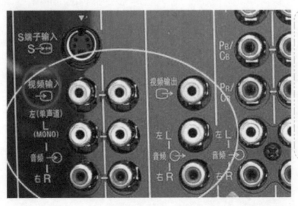

AV接口电路采用音频和视频分离的传输方式，一般采用的是成对的白色音频接口和黄色视频接口，通常是用RCA(俗称莲花插头)进行连接，使用时只要将莲花插头的标准AV线缆与相应接口连接起来即可。

### ② AV 信号输入接口电路

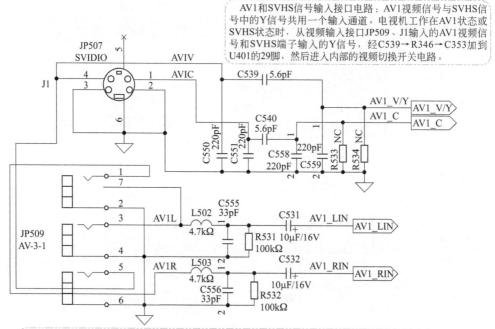

AV1和SVHS信号输入接口电路：AV1视频信号与SVHS信号号中的Y信号共用一个输入通道。电视机工作在AV1状态或SVHS状态时，从视频输入接口JP509、J1输入的AV1视频信号和SVHS端子输入的Y信号，经C539→R346→C353加到U401的29脚，然后进入内部的视频切换开关电路。

从JP509接口输入的AV1、SVHS状态下的L、R音频信号经L502、L503隔离后，由电容C531、C532、C6027、C6031耦合到U700的1、30脚，然后进入集成块内部的音频切换开关电路。

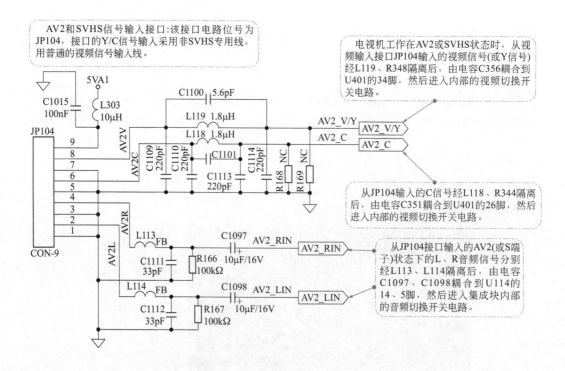

AV2和SVHS信号输入接口：该接口电路位号为JP104，接口的Y/C信号输入采用非SVHS专用线，用普通的视频信号输入线。

电视机工作在AV2或SVHS状态时，从视频输入接口JP104输入的视频信号(或Y信号)经L119、R348隔离后，由电容C356耦合到U401的34脚，然后进入内部的视频切换开关电路。

从JP104输入的C信号经L118、R344隔离后，由电容C351耦合到U401的26脚，然后进入内部的视频切换开关电路。

从JP104接口输入的AV2(或S端子)状态下的L、R音频信号分别经L113、L114隔离后，由电容C1097、C1098耦合到U114的14、5脚，然后进入集成块内部的音频切换开关电路。

## ▶ 5.4.2 VGA 信号输入接口电路

### ① VGA 信号输入接口

VGA(video graphics array)接口又称为D-Sub接口，是一种D型接口，有15个针脚，分成3排，每排5个，用以传输模拟信号。通过VGA接口，可以将计算机输出的模拟信号加到液晶彩电中。VGA接口中的15针中，有5针是用来传输红(R)、绿(G)、蓝(B)、行(H)、场(V)这5种分量信号。

| 15 针 VGA 接口引脚定义及功能 | | |
|---|---|---|
| 引脚号 | 引脚名称 | 定义及功能 |
| 1 | RED | 红信号 |
| 2 | GREEN | 绿信号 |
| 3 | BLUE | 蓝信号 |
| 4 | RES | 保留 |
| 5 | GND | 自检端，接计算机地 |
| 6 | RGND | 红接地 |
| 7 | GGND | 绿接地 / 单色灰度信号接地 |
| 8 | BGND | 蓝接地 |
| 9 | NC/DDC5V | 未用 DDC5V |
| 10 | SGND | 同步接地 |
| 11 | ID | 彩色液晶屏检测使用 |
| 12 | ID/SDA | 单色液晶屏检测 / 串行数据 SDA |
| 13 | HSYNC/CSYNC | 行同步信号 / 复合同步信号 |
| 14 | VSYNC | 场同步信号 |
| 15 | ID/SCL | 液晶彩电检测 / 串行时钟 |

### ② VGA 信号输入接口电路

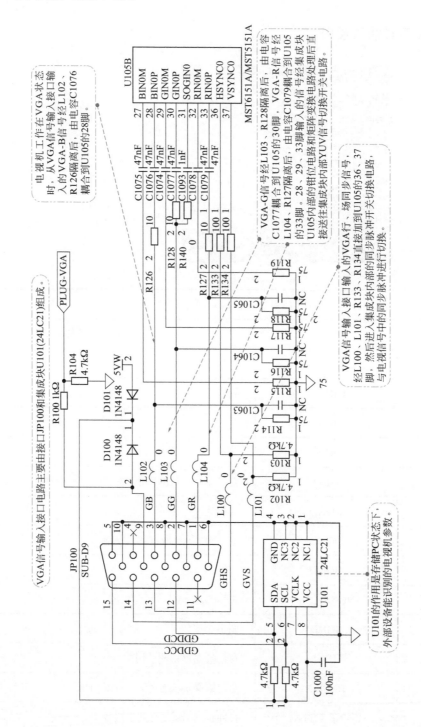

## 5.4.3　音频信号输入接口电路

音频信号输入的接口也采用的是莲花插头。

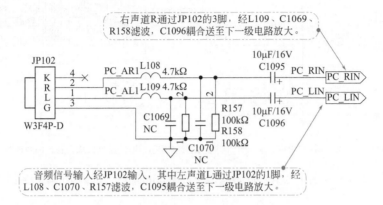

右声道R通过JP102的3脚，经L109、C1069、R158滤波，C1096耦合送至下一级电路放大。

音频信号输入经JP102输入，其中左声道L通过JP102的1脚，经L108、C1070、R157滤波，C1095耦合送至下一级电路放大。

## 5.4.4　YPbPr 输入信号接口电路

### ① YPbPr 输入信号接口

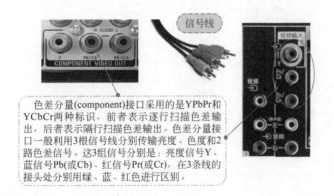

色差分量(component)接口采用的是YPbPr和YCbCr两种标识，前者表示逐行扫描色差输出，后者表示隔行扫描色差输出。色差分量接口一般利用3根信号线分别传输亮度、色度和2路色差信号。这3组信号分别是：亮度信号Y、蓝信号Pb(或Cb)、红信号Pr(或Cr)，在3条线的接头处分别用绿、蓝、红色进行区别。

### ② YPbPr 输入信号接口电路

YPbPr输入信号接口电路由JPY400、JPY401、JPY402组成。

从JPY402、JPY401接口输入的音频信号经L500、L501隔离后，分别由电容C524、C525耦合到U114的11、4脚。进入集成块内部后由内部的音频切换开关电路进行切换选择。

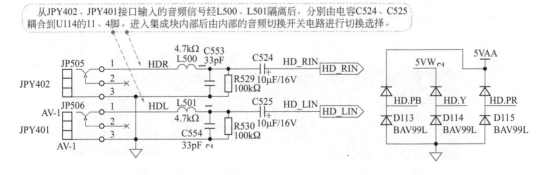

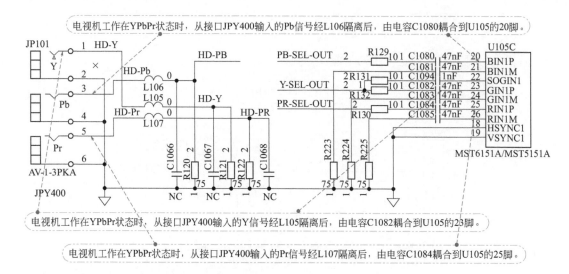

电视机工作在YPbPr状态时，从接口JPY400输入的Pb信号经L106隔离后，由电容C1080耦合到U105的20脚。

电视机工作在YPbPr状态时，从接口JPY400输入的Y信号经L105隔离后，由电容C1082耦合到U105的23脚。

电视机工作在YPbPr状态时，从接口JPY400输入的Pr信号经L107隔离后，由电容C1084耦合到U105的25脚。

## ▶5.4.5 音、视频输出接口电路

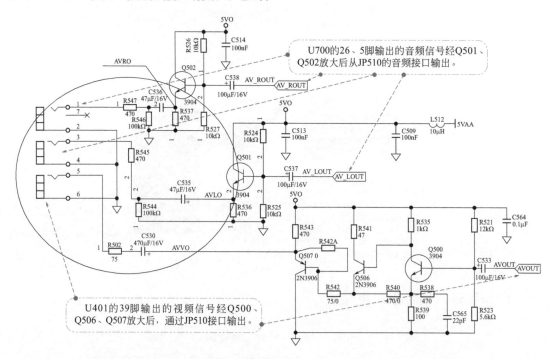

U700的26、5脚输出的音频信号经Q501、Q502放大后从JP510的音频接口输出。

U401的39脚输出的视频信号经Q500、Q506、Q507放大后，通过JP510接口输出。

## ▶5.4.6 S、USB、HDMI 接口

### ① S 接口

S端子接口又称为二分量视频(seprate video,s-video)接口，它的功能就是将video信号分开传输，也就是在AV接口的基础上将色度信号C和亮度信号Y进行分离。再分别以不同的通道进行传输。S接口有4针(不带音频)和7针(带音频)两种类型，4针为基本型，7针为扩展型。

## ② USB 接口

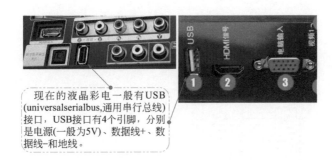

现在的液晶彩电一般有USB (universalserialbus,通用串行总线) 接口, USB接口有4个引脚, 分别是电源(一般为5V)、数据线+、数据线-和地线。

## ③ HDMI 接口

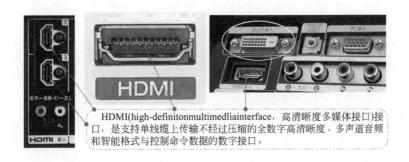

HDMI(high-definitonmultimedliainterface, 高清晰度多媒体接口)接口, 是支持单线缆上传输不经过压缩的全数字高清晰度、多声道音频和智能格式与控制命令数据的数字接口。

## 5.5 视频信号处理电路

视频信号处理电路主要包括视频切换、色度信号解调、亮度信号处理、A/D 变换等电路

LT4018 液晶电视的视频信号处理电路由集成块 U401（SAA7117）和相关外接元件组成。SAA7117 为视频信号处理和 A/D 转换专用集成电路。内置有多路视频切换开关、NTST/PAL/SECAM 三种制式的视频解码电路、自动颜色校正电路、全方位的亮度、对比度和饱和度调整电路、3 倍率 8-bit 模 / 数转换器、隔行扫描视频信号自动检测电路、可编程时钟相位校正电路等多个模块电路。其输出格式支持 RGB4∶4∶4、YUV4∶4∶4、YUV4∶2∶2、CCIR656 等，并可通过外接串口经 $I^2C$ 总线读出存储器数据。

集成块 SAA7117 的工作状态受 CPU 输出的 $I^2C$ 总线（SDA、SCL）控制，它与 CPU 之间的信息传输为双向传输。

由集成块 SAA7117 组成的视频处理电路的特点是：在用遥控器或本机键开机启动电视机后，只有 CPU 通过总线检测到 SAA7117 组成的电路中的时钟振荡电路、集成块内部的译码电路和总线接口电路工作正常时，CPU 才能从待机状态转为稳定的正常工作状态。若上述电路工作不正常，即使控制系统电路中的 CPU、存储器、程序存储器（FLASH）正常，电视机也无法由待机状态转为正常工作状态。

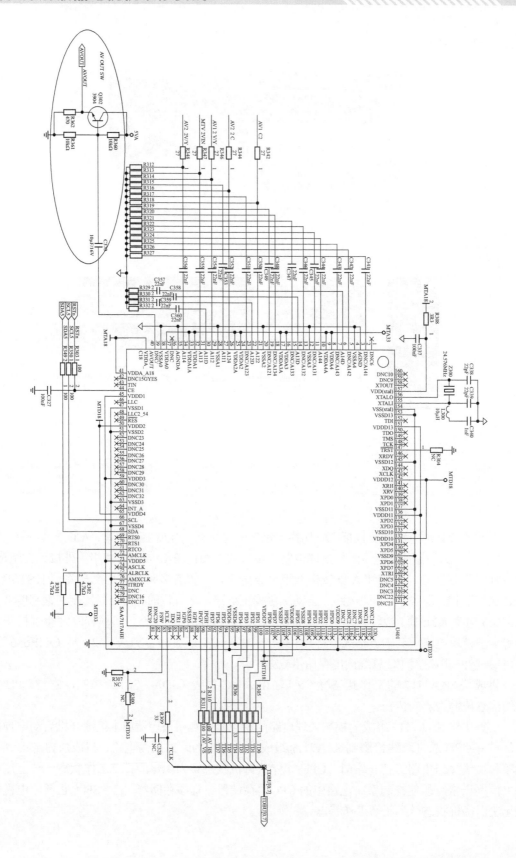

## 5.5.1 SAA7117 供电电压电路

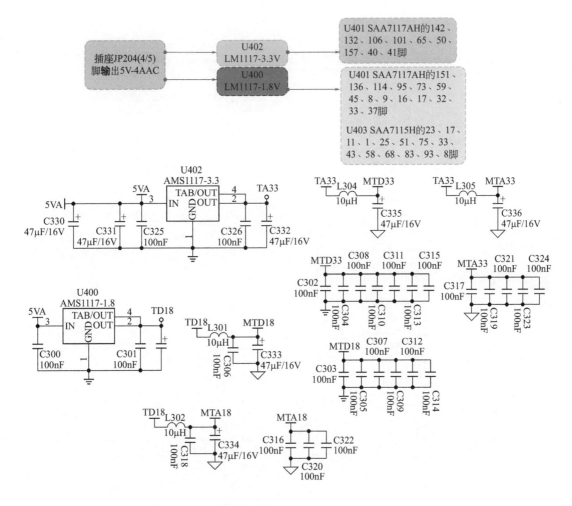

## 5.5.2 SAA7117 时钟振荡电路

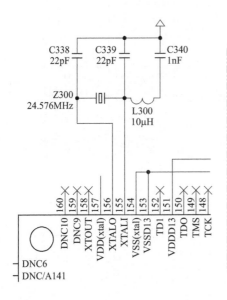

　　时钟振荡电路由集成块154、155脚外接元件Z300、C338、C339、L300、C340和集成块内部相关模块电路组成。正常情况下，电视机二次开机后，外电路为集成块提供的工作电压一旦加到集成块的相关脚上，时钟振荡电路就会启动进入振荡状态，产生24.576MHz的振荡脉冲信号。振荡电路产生的振荡脉冲信号经集成块内部不同的分频电路处理后，形成不同频率的脉冲信号送往相应模块电路，作为内部相关模块电路正常工作所需要的时钟信号。振荡电路起振后，集成块内部的数字信号处理电路即刻启动进入工作状态，通过译码器对CPU通过总线送来的数据信号（SDA）、时钟信号（SCL）进行处理，处理结果形成不同的指令控制信号对集成块内部相关模块电路的工作状态进行检测，并将检测结果通过总线送往CPU。CPU一旦得到SAA7117正常工作的信息即可进入稳定的工作状态。

### 5.5.3  SAA7117 色度、亮度、视频处理电路

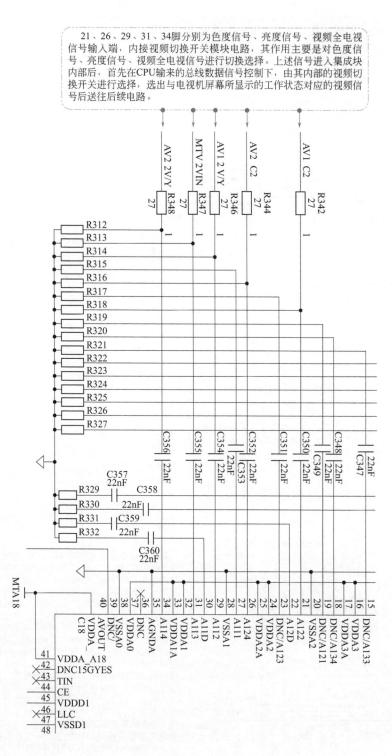

### ⯈ 5.5.4 视频信号输出电路

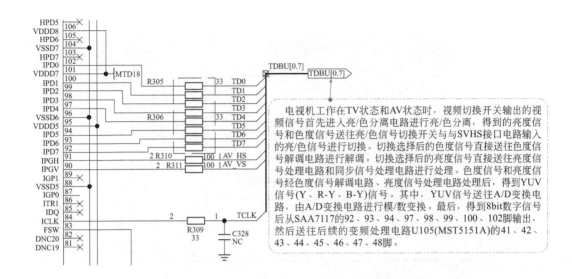

电视机工作在TV状态和AV状态时，视频切换开关输出的视频信号首先进入亮/色分离电路进行亮/色分离，得到的亮度信号和色度信号送往亮/色信号切换开关与与SVHS接口电路输入的亮/色信号进行切换。切换选择后的色度信号直接送往色度信号解调电路进行解调。切换选择后的亮度信号直接送往亮度信号处理电路和同步信号处理电路进行处理。色度信号和亮度信号经色度信号解调电路、亮度信号处理电路处理后，得到YUV信号(Y、R-Y、B-Y)信号。其中，YUV信号送往A/D变换电路，由A/D变换电路进行模/数变换。最后，得到8bit数字信号后从SAA7117的92、93、94、97、98、99、100、102脚输出，然后送往后续的变频处理电路U105(MST5151A)的41、42、43、44、45、46、47、48脚。

## 5.6 变频处理和上屏信号形成电路

长虹 LT4018 液晶电视信号处理电路中的变频处理和上屏信号形成电路由集成块 U105（MST5151A）、U200（K4D263238M）组成。其中，U200 为帧存储器，U105 为变频处理和上屏信号形成专用集成电路。

MST5151A 是一块高性能的模拟和数字信号画面处理芯片，主要用于 LCD 显示器和电视一体化产品上，支持画中画技术，输入分辨率可达 UXGA&1080P，它囊括了所有应用于图像捕捉、处理及显示时钟控制等方面 IC 的功能，其内部集成了高速率的 A/D 转换器、PLL 电路、高可靠性的 HDMI/DVI 接收器和 LVDS 转换器等。

MST5151 与 CPU 之间的信息传输通道电路信息畅通，不仅是保证 MST5151A 正常工作的必备条件，也是保证由 CPU、存储器、程序存储器组成的控制系统电路正常工作的必要条件。因为在长虹 LT4018 液晶电视中，若 MST5151 与 CPU 之间的信息传输通道电路不通，CPU 检测不到 MST5151A 的工作状态，即使由 MST5151A 组成的电路和由 CPU、存储器、程序存储器组成的控制系统电路无故障，控制系统电路中的 CPU 也不能进入稳定的工作状态，而出现二次开机瞬间启动，过一段时间自动返回到待机状态的故障。

变频处理电路的任务就是通过对数字图像信号的存储、读取、运算等处理，完成图像信号的扫描格式和频率变换。向后续上屏信号形成电路输送与输入信号格式和频率完全不同的数字视频信号。

## ▶5.6.1 变频处理电路与 CPU 的传输通道

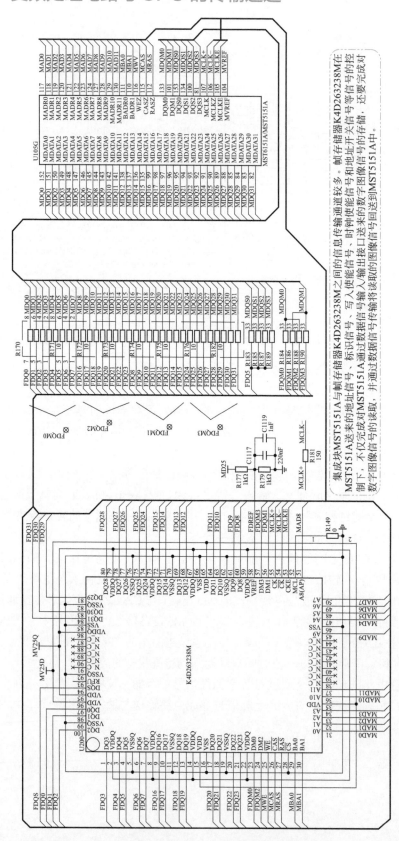

## 5.6.2 上屏信号形成电路

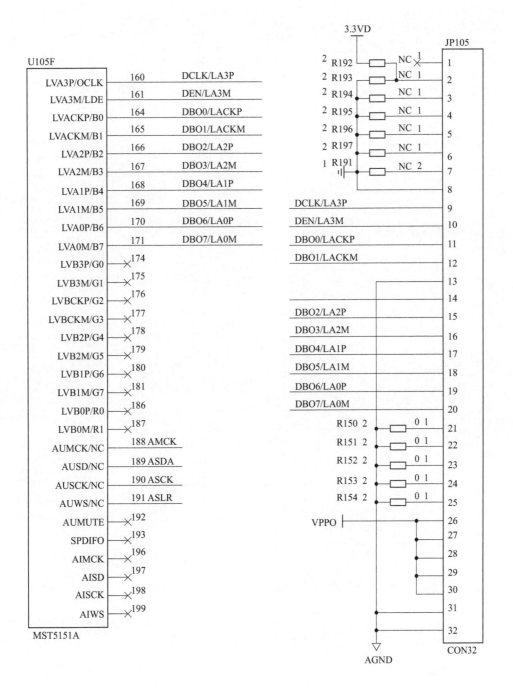

### ⯈5.6.3　MST5151A 供电电压

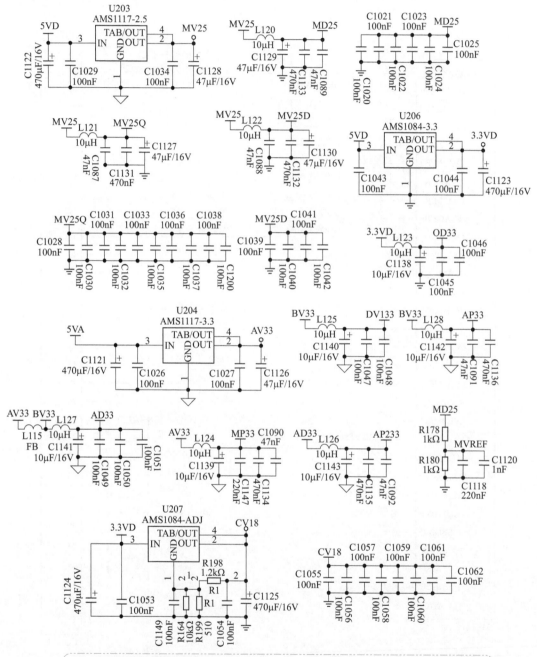

集成块MST5151A供电三种电压由不同的稳压电路LC滤波电路提供。主要电压有+3.3V(图标为：DVI33、AD33、AP33、AP233、MP33、OD33)、+1.8V(CV18)、+2.5V(MD25)三种电压。

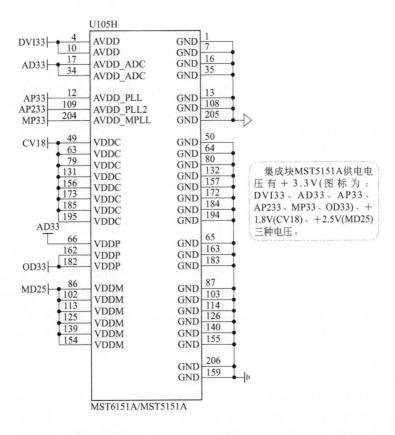

MST6151A/MST5151A

集成块MST5151A供电电压有 +3.3 V(图标为:DVI33、AD33、AP33、AP233、MP33、OD33)、+1.8V(CV18)、+2.5V(MD25)三种电压。

| 集成块 MST5151A 主要引脚功能 | | | |
|---|---|---|---|
| 脚号 | 引脚功能 | 脚号 | 引脚功能 |
| 2、3、5、6、207、208 | 为数字视频信号输入脚 | 37、36、32、33、31、29、30、27、28、25、26、22、23、24、20、21 | 为模拟量信号输入端,内接 VGA 和 YPbPr 信号切换开关电路<br><br>VGA 接口输入的 VGA 信号和色差分量信号输入接口输入的 YPbPr 信号从这些脚进入集成块内部后,首先由 VGA 信号和 YPbPr(或 YCbCr 信号)切换开关进行切换选择,选出与电视机屏幕显示工作状态一致的信号送往后续的 YUV 信号处理电路进行处理,VGA 信号和 YPbPr 信号经 YUV 信号处理电路处理后直接送往 A/D 变换电路,由 A/D 变换电路转换成数字信号后再送往变频处理电路 |
| 8、9 | 为 DVI 时钟信号输入接口 | | |
| 14、15 | 分别为 DDC 串行数据信号和串行时钟信号接口,该接口为数字视频通信专用接口 | | |
| 11 | 为中断控制脚 | | |
| 上述各脚均用于与数字视频设备相连,由于长虹 LS10 机芯没有设计 DVI 数字视频(DVI)功能,故上述各脚均未使用。处于悬空状态。 | | | |
| 127 ~ 130、117 ~ 124 | 地址信号输出端。输出的地址数据信号直接送往帧存储器 K4D263238M 的 31 ~ 34、36、37、45、47 ~ 50 脚 | | |
| 101、133 | 数据标识信号输出端。输出的数据标识信号经电阻 R186、R196 和 R184、R188 隔离后输往帧存储器 K4D263238M 的 56、57 和 123、124 脚 | | |

| 集成块 MST5151A 主要引脚功能 | | | |
| --- | --- | --- | --- |
| 脚号 | 引脚功能 | 脚号 | 引脚功能 |
| 82～85、88～99、135～138、141～152 | 共有 32 路数据信号输入 / 输出接口，这 32 路数据信号输入 / 输出接口分别是集成块的 82～85、88～99、135～138、141～152 脚 | 105 | 时钟使能端。输出的时钟使能信号输往帧存储器 K4D263238M 的 53 脚 |
| 82～85 | 通过排阻电阻 R182 与帧存储器 K4D263238M 的 80、81、82、83 脚相接 | 106 | 为时钟补偿信号输入。与帧存储器 K4D263238M 的 54 脚相接 |
| 88～91 | 通过排阻电阻 R176 与帧存储器 K4D263238M 的 74、75、77、78 脚相接 | 107 | 时钟信号输入。与帧存储器 K4D263238M 的 55 脚相接 |
| 92～95 | 通过排阻电阻 R175 与帧存储器 K4D263238M 的 64、68、69、71 脚相接 | 110、111 | 片选地址信号端。输出的层选地址信号送往帧存储器 K4D263238M 的 29、30 脚 |
| 96～99 | 通过排阻电阻 R174 与帧存储器 K4D263238M 的 60、61、63、64 脚相接 | 112 | 行地址开关信号输出端。输出的行地址开关信号输往帧存储器 K4D263238M 的 27 脚 |
| 135～138 | 通过排阻电阻 R173 与帧存储器 K4D263238M 的 17、18、20、21 脚相接 | 115 | 场地址开关信号输出端。输出的场地址开关信号输往帧存储器 K4D263238M 的 26 脚 |
| 141～144 | 通过排阻电阻 R172 与帧存储器 K4D263238M 的 9、10、12、13 脚相接 | 104 | 参考电压输入端 |
| 145～148 | 通过排阻电阻 R171 与帧存储器 K4D263238M 的 3、4、6、7 脚相接 | 81、100、134、153 | 数据写入使能输出端。输出的数据写入使能信号分别经电阻 R188、R185、R187、R189 隔离后输往帧存储器 K4D263238M 的 94 脚 |
| 149～152 | 通过排阻电阻 R170 与帧存储器 K4D263238M 的 1、97、98、100 脚相接 | 171、170、169、167、168、166、161、160 | LVDS 信号的数字信号输出端 |
| | | 164、165 | LVDS 信号的时钟信号输出端 |

从电路结构上来看，MST5151A 与帧存储器 K4D263238M 之间的信息传输通道出现问题，即使是一个信息传输通道出现故障（不通或短路），也会造成数字图像信号丢失，使帧存储器工作不正常，造成电视机出现无图像或图像不正常故障。

## 5.6.4　变频处理电路与 CPU 的总线控制

时钟振荡电路由202、203脚外接元件C1102、C1103、Z100和集成块内部相关电路组成。电视机二次开机后，外电路为集成块提供的电源电压一旦加在集成块的相关脚上，由集成块202、203脚外接元件C1102、C1103、Z100和集成块内部相关电路组成的时钟振荡电路就会启动，产生14.318MHz的时钟脉冲信号。作为变频处理电路正常工作所需的时序控制脉冲。

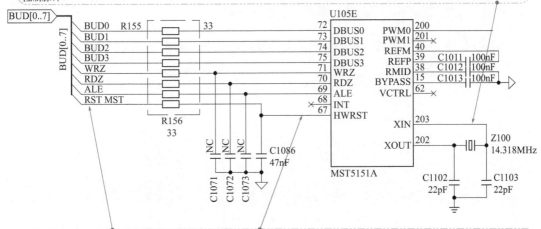

MST5151的工作状态受CPU输出的多总线信号控制。CPU输来的总线信号分别从集成块67、69～75脚输入。其中：72～75脚为数据信号输入/输出端，71脚为写指令，70脚为读指令，69脚为地址锁存，67脚为硬件重启。该8个脚与控制系统电路中CPU(U800)的17、18、20、21、22、23、3、34脚相接。

来自CPU的数据信号、读写控制信号和硬件启动控制信号从该8个脚进入U1O5内部，通过其内部的译码电路和CPU处理后，形成控制信号对U105内部电路的工作状态进行控制。使U105在完成对不同输入信号(8bit数字图像信号、VGA信号、YPbPr信号)进行切换选择和变频处理的同时，也通过这些信息传脚将U105的内部电路的工作状态回送到CPU中，使CPU能及时输出控制信号对U105的工作状态加以修正，使其工作在最佳状态。

## 5.6.5　MST5151A 与视频信号处理电路间的信号输入接口

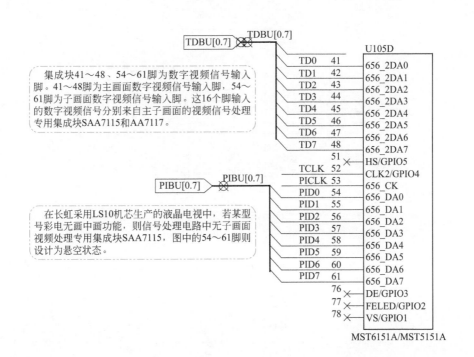

集成块41～48、54～61脚为数字视频信号输入脚。41～48脚为主画面数字视频信号输入脚，54～61脚为子画面数字视频信号输入脚。这16个脚输入的数字视频信号分别来自主子画面的视频信号处理专用集成块SAA7115和AA7117。

在长虹采用LS10机芯生产的液晶电视中，若某型号彩电无画中画功能，则信号处理电路中无子画面视频处理专用集成块SAA7115，图中的54～61脚则设计为悬空状态。

## 5.7 伴音电路

伴音电路主要由视频状态下的音频信号切换电路、音效处理和音量控制电路、伴音功率放大电路三部分电路组成。

### ▶ 5.7.1 视频状态下音频信号切换电路

长虹 LT4018 液晶电视视频状态下的音频信号切换电路由集成块 U114（74HC4052）组成。

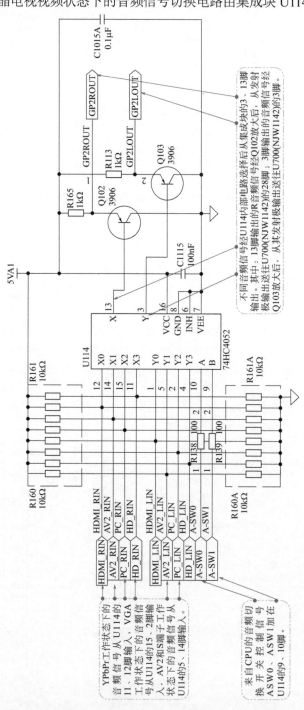

## 5.7.2　音效处理和音量控制电路

U700（NJW1142）为音效处理和音量控制集成块，其工作状态受微处理器输出的总线数据信号控制。

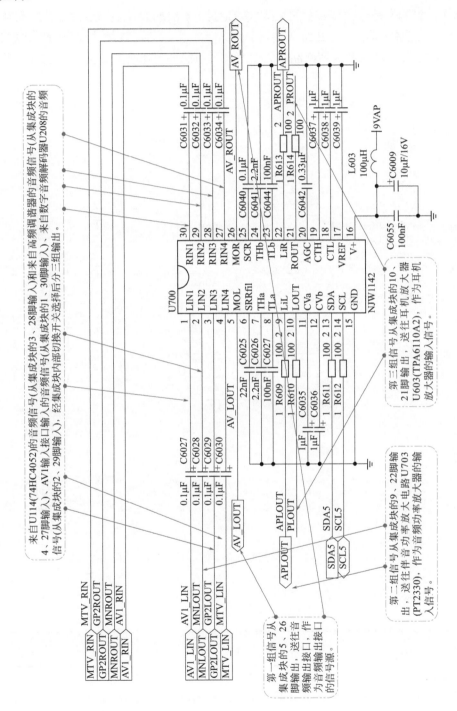

### ▶ 5.7.3 伴音功率放大电路

长虹 LT4018 液晶电视的伴音功率放大电路采用了两种不同的电路，一种为数字功率放大电路，所采用的集成块为 TA2024，电路位号为 UA。

UA（TA2024）是一种高效率的 15W（双通道）T 级的 D 类音频放大器，采用数字功率处理技术，T 级放大器既有 AB 级放大器的声音保真度，又有 D 级放大器的高效放大功能。该集成块仅在 LT4018 机芯前期产品，后期产品采用的音频功放集成块是 PT2330，其位号为 U703。

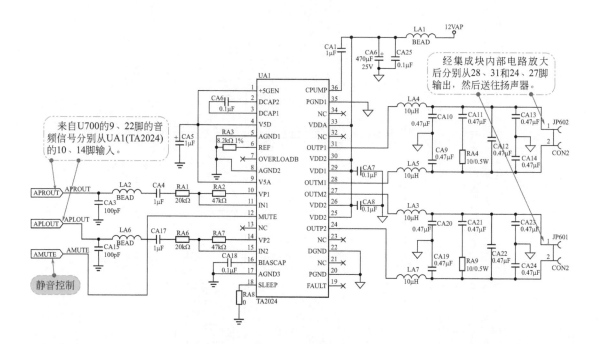

## 5.8 主板电路的维修

### ▶ 5.8.1 实战 17——CPU 工作条件电路的维修

#### ① CPU 的两种复位方式

| CPU 的两种复位方式 |
| --- |
| CPU 的复位方式有低电平和高电平两种：<br>采用低电平复位方式的单片机复位端有 0 → 5V（或其他电压）左右的复位信号输入采用高电平复位方式的单片机复位端有 5V（或其他电压）→ 0V 左右的复位信号输入 |

## ② CPU 的故障维修

| CPU 常见故障现象与排除 |
| --- |
| 故障现象：无 +5V（或其他电压）电压<br>故障分析：在 +5V 供电电源正常的情况下，而 CPU 无 +5V 电压一般为印制电路板断裂或焊点接触不良等<br>故障检修：可用电阻法或电压法排查 |
| 故障现象：不振荡<br>故障分析：CPU 的时钟振荡脚电压用指针表测，分别为 0.4 ～ 1.2V、1.2 ～ 3V。由于各机型不同，此值差异性较大<br>故障检修：在没有示波器的情况下，一般采用代换法较为理想。对晶振、移相电容进行判断 |
| 故障现象：复位电路有故障时，通常是开机后指示灯显示异常、整机状态紊乱或整机无任何动作<br>故障分析：CPU 复位电压有采用三端集成电路的机型，也有采用二极管的机型。但该电压正常，也不一定复位工作正常，因为复位还有一个时序的问题<br>故障检修：可采用人工复位来判断与维修。在对于采用低电平复位方式的复位电路，在确认复位端子电压正常时，用万用表的一只表笔，一端接地，另一端接复位脚（RESET），瞬间短路接触后，若 CPU 能工作，表明外围复位电路元件有问题，否则为单片机本身<br>　对于采用高电平复位方式的复位电路，在确认复位端子电压为 0V 时，用万用表的一只表笔，一端接电源 +5V 供电，另一端接复位脚（RESET），瞬间短路接触后，若 CPU 能工作，表明外围复位电路元件有问题，否则为单片机本身 |
| CPU 的工作条件电压若正常，或断开工作条件的某脚电压才正常，且各种保护电路也正常，而电路不能工作，则基本上可以判断单片机芯片损坏。这时候一般将整个电路板换下来，因为 CPU 由厂家写入（烧录）了控制程序，市场上一般买不到 |

## ▶ 5.8.2　CPU 方面维修案例

| 故障现象 | 不开机 |
| --- | --- |
| 故障机型 | TCL L32F11　机芯 MT23L |
| 维修方法 | ❶ 开机检测待机电压为 3.3V 正常，没有 PW-ON 信号电压，说明 CPU 没有工作<br>❷ 检测 CPU 的工作条件，总线电压、晶振、供电电压都正常。发现复位电压 1.9V 不正常（正常值为 3.1V）<br>❸ 检测复位电路（由 Q001、Q003 等组成）元件基本正常。断开 U001 的 37 脚到复位电路上的 R070，测量到 Q001 的集电极电压恢复正常 3.3V。检查 U001 的 37 脚外接元件基本正常。试代换电容 C062，故障排除<br>　故障部位如下图所示 |
| 小结 | 该故障是 C062 漏电拉低了复位电压造成了不开机。 |

C062环

| 故障现象 | 指示灯亮，但不开机 |
|---|---|
| 故障机型 | TCL L46P11FBDEG　机芯 MS48IS |
| 维修方法 | ❶ 按键及遥控二次开机彩电均无反应，怀疑 CPU 没有执行开机指令，处理数字板供电电压基本正常<br>❷ 怀疑软件有问题。试用升级板升级，发现无法连接<br>❸ 检查 CPU 的工作条件。发现复位电路 R2110（复位电压由此电阻供给 CPU）为 2.7V 高电平。根据电路分析，该机在开机时该电压应为低电平。测量复位三极管 Q1101 的偏置电压，发现异常。观察原板 R1182 为 3.9kΩ，而此板为 22kΩ<br>❹ 更换 R1182 为 3.9kΩ，故障排除<br>故障部位如下图所示 |

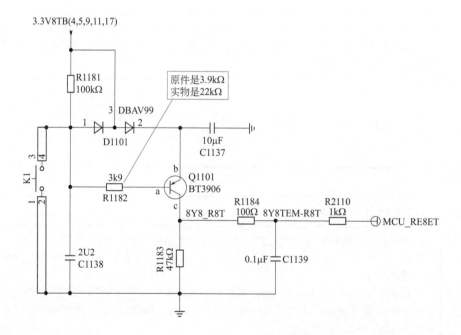

| 故障现象 | 不开机 |
|---|---|
| 故障机型 | TCL L32F19　机芯 MS19LR |
| 故障分析 | 电源、主板、CPU 工作条件、储存器等有问题 |

续表

| 维修方法 | ❶ 试机发现指示灯点亮，但不能开机<br>❷ 测量电源板 3.3V 正常，而 12V 电压为 0，开机电压为 0<br>❸ 测量 U6 输出电压 3.3V 正常，检测存储器 24C32 供电、总线电压为 3.3V，更换新的储存器，故障依旧<br>❹ 再检查 U9（FLASH、25X40），没有发现异常，更换该集成电路，用编程器写好数据，试机二次开机正常，故障排除 |
|---|---|

| 故障现象 | 不定时自动开关机 |
|---|---|
| 故障机型 | TCL L32F3309B　机芯 MS82PCT（三合一板） |
| 故障分析 | 电源、主板电路接触不良或元件变质、老化、漏电等 |
| 维修方法 | ❶ 试机后发现图像、伴音正常，但工作一段时间后不定时自动关机，关机后随即又重新开机<br>❷ 测量主板上电源的输出电压，12V、48V 电压正常<br>❸ 测量主板上 U4、U1、U2、U3 处的 5V、1.8V、3.3V、2.5V 基本正常<br>❹ U7 重新刷程序，故障依旧<br>❺ 用敲击法，没有故障出现<br>❻ 检查 U6（MST6M182VG）的工作条件。检查总线基本正常，更换晶振不起作用。检查复位电路，测量 Q22 的集电极电压为 2V 左右且变化，而正常时应为 0V 不变化，说明复位电路有问题。最后检查发现是电容 C179（2.2μF）有漏电现象，更换电容后故障排除 |

## ▶ 5.8.3　图像方面维修案例

| 故障现象 | 自动跳台 |
|---|---|
| 故障机型 | TCL L32F11　机芯 MT23L |
| 维修方法 | ❶ 在出现故障时拔下按键，发现故障依旧存在，排除按键故障<br>❷ 处理插排 P004 处的 KEY 脚电压，在 2.5V 左右摆动。断开 U001 的 KEY 脚外接电阻 R066，再次测量该脚电压，还是故障依旧。排除 U001 接触不良<br>❸ 切断 L008 与 P004 处的铜箔，测量 KEY 处电压，电压已恢复正常。拆下 P004 插座，直接将 KEY 引线焊接到 L008 处，故障排除 |

| 故障现象 | 不定时无台 |
|---|---|
| 故障机型 | TCL L40F11　机芯 MT48 |
| 故障分析 | 某些元件可能接触不良 |
| 维修方法 | ❶ 用敲击法轻敲数字板，故障未出现<br>❷ 开机静置机子 2h 左右故障出现。这时，测量 TU2（高频头）的 5V 供电电压正常，自动增益 AGC 电压 4.5V 也正常，调谐电压 BT 也在正常范围内<br>❸ 测量 SCL、SDA 两脚电压为 0.8V，明显偏低。脱开高频头总线再测量总线电压不变，排除了高频头有问题。顺着线路检查到 R120、R122（1.5kΩ）这两个电阻时，当用电烙铁碰触它们时都裂开了。于是基本确定故障根源就在此。更换这两个电阻，故障排除<br>　　故障部位如下图所示 |

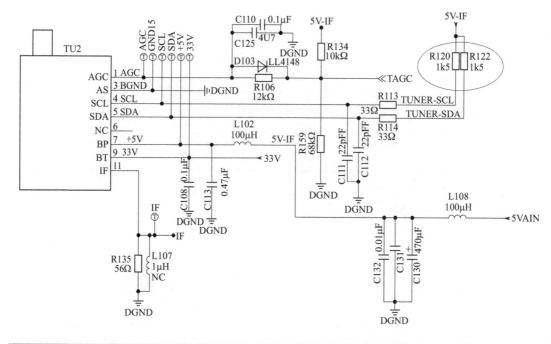

| 故障现象 | 图像有干扰 |
|---|---|
| 故障机型 | TCL L32C11　机芯 MS82PT |
| 故障分析 | 图像通道有问题 |
| 维修方法 | ❶ 上电试机，测试所有信号源状态下图像均有绿色竖条干扰且伴有雪花点，声音、按键和遥控都正常<br>❷ 在维修时，发现翻动印制板时故障有明显的变化。怀疑有接触不良现象<br>❸ 用碰触法检查，当碰触到 LVDS 上屏线时，故障有明显的变化。最后发现是数字板端压插里的 LVDS 线有接触不良现象，重新插接，并用胶带粘牢排线，故障排除 |

| 故障现象 | 无图像 |
|---|---|
| 故障机型 | TCL L32F3200B　机芯 MT27 |
| 故障分析 | 屏、逻辑板、LVDS 输出等有问题 |
| 维修方法 | ❶ 上电试机，有伴音，无图像，背光可以点亮。由此判定为屏、数据线、LVDS 输出等有问题<br>❷ 更换数据线，故障还是存在<br>❸ 用一个数字板进行代换，故障依旧，说明故障可能在屏或逻辑板<br>❹ 测量逻辑板 L2 处发现没有电压，再测量其对地电阻值为 0，说明有短路现象。最后查得是 C151 漏电。更换该电容故障排除 |

## ▶ 5.8.4　伴音方面维修案例

| 故障现象 | 无伴音但有杂音 |
|---|---|
| 故障机型 | TCL L42E4500A-3D　机芯 MS801 |

续表

| 故障分析 | 伴音通道、软件有问题 |
|---|---|
| 维修方法 | ❶ 用各个信号源试机，图像都正常，只是无伴音而是有杂音。怀疑功放电路有问题<br>❷ 为了排除软件问题，先对彩电软件进行升级，故障依旧<br>❸ 测量功放电路的供电电压 24V 正常，数字电路的 3.3V 正常，静音 19 脚 3.2V 也正常<br>❹ 测量数字音频信号输入 DATA、BCK、LRCLK、MCLK 的电压，发现 DATA 脚的电压 0.5V（正常值为 1.6V 左右）有些异常。最后发现是 C903 漏电，更换后故障排除 |

| 故障现象 | 无伴音 |
|---|---|
| 故障机型 | TCL L32F1590BN　机芯 3MS82AX |
| 故障分析 | 伴音通道有问题 |
| 维修方法 | ❶ 上电试机，图像正常，而无伴音<br>❷ 检查喇叭是正常的<br>❸ 用耳机接在电阻 RA31、RA32 处监听有声音，说明故障在功放电路（UA31）<br>❹ 测量功放供电电压 12V 正常，测量 MUTE 脚电压为 0V 不正常<br>❺ 更换功放模块 TPA3110LD2，故障依旧<br>❻ 检测功放模块外围电路，发现电阻 RA42 断路，更换该电阻后故障排除 |

| 故障现象 | 无伴音 |
|---|---|
| 故障机型 | TCL LCD32C390　机芯 3MS82AX |
| 故障分析 | 伴音通道有问题 |
| 维修方法 | ❶ 检查功放电路。用干扰法从 RA32 处输入信号，伴音正常，说明功放电路是正常的<br>❷ 怀疑程序有问题。进入工厂菜单复位后，故障依旧<br>❸ 检测主电路芯片，没有发现异常。更换主芯片 MST6M182VG 后，故障排除 |

| 故障现象 | 伴音小 |
|---|---|
| 故障机型 | TCL L32C12　机芯 MST6M181 |
| 故障分析 | 伴音通道有问题 |
| 维修方法 | ❶ 上电试机，所有信号源音量到最大时声音都较小<br>❷ 用干扰法碰触功放输入端 C986/C981 处，声音较大，说明功放电路是正常的<br>❸ 进入总线工厂复位后故障依旧<br>❹ 用干扰法碰触预放输入端没有声音，而输出端有声音。检测预放电路电压，发现没有供电。最后，检查到是供电滤波电容 CA83 有短路现象，更换电容后故障排除 |

| 故障现象 | 热机无伴音 |
|---|---|
| 故障机型 | TCL L32P21BD　机芯 MS48 |
| 故障分析 | 元件有热稳定性不良 |

| 维修方法 | ❶ 开机十几分钟后无伴音，初步怀疑是主解码或伴音功放虚焊造成的，补焊后故障依旧。用手摸主芯片及伴音功放温度也适中，未见明显异常<br>❷ 用示波器测量 TAS707 功放的数字音频输入端，在 20 脚（LRCK）可测量到伴音波形，测量 15 脚（MCLK）、21 脚（BCK）、22 脚（DATA）电压均为 1.6V 左右，与正常机子相比基本正常。估计故障在功放部分<br>❸ 测量功放供电电压正常，总线、复位也基本正常。当测量 19 脚静音控制时，此脚电压在 1V 左右波动（正常值为 3.2V）。怀疑这部分电路元件热稳定性不良。冷开机后用电烙铁给怀疑的元件加热，当加热到 C606 时伴音消失，更换该电容后，故障排除<br>故障部位如下图所示 |
|---|---|

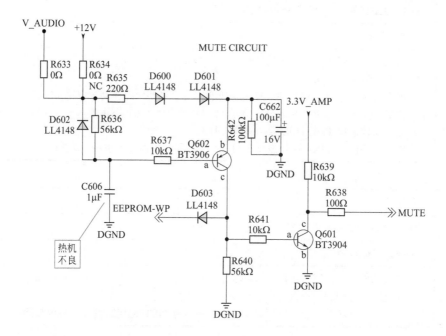

### 5.8.5 其他方面维修案例

| 故障现象 | 热机时不定时自动跳菜单 |
|---|---|
| 故障机型 | TCL L50E5000A　机芯 MS600 |
| 故障分析 | 元件热稳定性差引起的问题 |
| 维修方法 | ❶ 开机，用热风枪加热印制板，此时故障出现<br>❷ 测量 KYE 电压从 2V 开始下降，怀疑 KYE 到主芯片线路热机有漏电现象<br>❸ 断开主芯片后，再次加热故障还是存在，怀疑是主芯片有漏电现象<br>❹ 对主芯片进行补焊后，故障排除 |

| 故障现象 | 自动关机 |
|---|---|
| 故障机型 | TCL L32C11　机芯 MS82PT |

续表

| 故障分析 | 怀疑软件有问题 |
|---|---|
| 维修方法 | ❶ 彩电正常启动出现自动关机的现象，每次开机彩电出现智能系统启动中就自动关机，怀疑软件有问题<br>❷ 首先把彩电强制升级到 075 版本，故障排除<br>❸ 最后用 210 版本的软件正常升级，故障排除 |

| 故障现象 | 不能搜台 |
|---|---|
| 故障机型 | 创维 42E600Y　机芯 8S03T |
| 故障分析 | 高频头、主板电路有问题 |
| 维修方法 | ❶ 检查是否有缺件，没有发现元件缺失<br>❷ 测量电源电压 5V、12V、24 V 基本正常<br>❸ 测量高频头 18273 的供电、总线、晶振基本正常。更换高频头，故障排除 |

| 故障现象 | 用遥控或按键操作都反应迟钝 |
|---|---|
| 故障机型 | TCL L32F19BD　机芯 MS68B |
| 故障分析 | 储存器或软件有问题 |
| 维修方法 | ❶ 测量总线电压发现总线电阻 R037 上的电压是变化的，由开机背光点亮之前的 3.3.V 降到 1.1V 左右后，背光点亮后降到 0V，而总线电阻 R038 上的电压一致稳定在 3.3.V<br>❷ 为快速判断是 U201 还是外围电路有故障，关机后脱开 R037、R038 两个电阻，再次开机后 R037 靠近 U201 处还是没有电压。判断故障在 U201 和 U001（FLASH）上<br>❸ 本着先软件后硬件的原则，进入工厂模式对软件复位后，开机依旧。后用 USB 对彩电升级，故障没有排除<br>❹ 用空白 FLASH 烧好数据后，进行代换，故障排除 |

# 第6章

# 屏与逻辑电路

## 6.1 液晶面板的电路组成

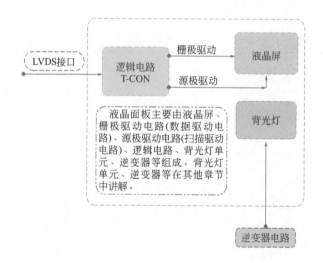

液晶面板主要由液晶屏、栅极驱动电路(数据驱动电路)、源极驱动电路(扫描驱动电路)、逻辑电路、背光灯单元、逆变器等组成。背光灯单元、逆变器等在其他章节中讲解。

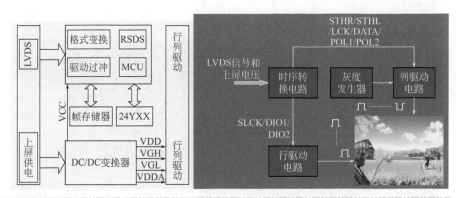

把串行像素信号转变为并行像素信号的专用电路叫"时序转换电路"。习惯上又将安装了"时序转换电路"的电路组件板称"提康"板。英语称为"timing control"，缩写语为"T-CON"。习惯上又将安装时序转换电路的电路组件板称之为逻辑板。

时序控制电路主要由时序转换电路、"列驱动电路""行驱动电路"和灰度发生器等电路组成。

逻辑板的作用是将电视机送来的数字图像信号进行分解和重新组合，变成为液晶屏内行、列驱动电路所需的驱动控制信号、图像数据信号和辅助信号送往液晶屏内部的"列驱动电路"和"行驱动电路"。

逻辑板的上方接口是逻辑板的信号输出接口，该接口通过软排线与液晶屏内部的行列驱动电路相连，将时序控制信号、图像数据信号和辅助信号送往行列驱动电路。

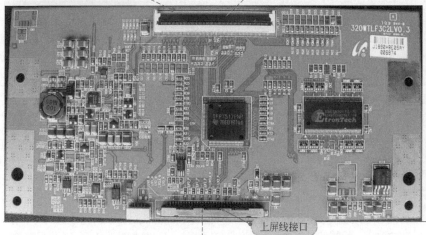

逻辑板的下方中部接口是逻辑板与信号处理板间的信号输入接口。信号处理板输出的LVDS(或TTL)信号和上屏电压(逻辑板的工作电压)通过"上屏线"和该接口送往逻辑板。

不同的液晶屏，有不同的逻辑板，在液晶电视中，逻辑板对特定的液晶屏而言也是特定的。不同的液晶屏其逻辑板有不同的驱动程序，更重要的是不同的液晶屏上的逻辑板与屏内的行列驱动电路之间的连接方式存在较大差异。

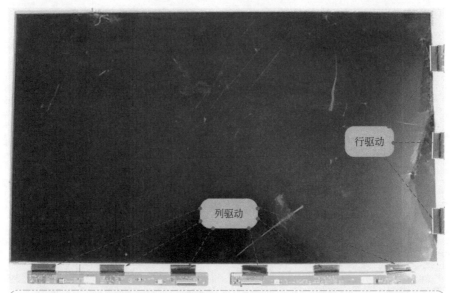

在液晶屏上，行驱动电路和列驱动电路全部由集成电路组成。行、列驱动集成块直接安装在液晶屏相邻两边的软排线上。图中的行列驱动电路共采用了9块集成块，水平方向(行驱动)3块，垂直方向(列驱动)6块。软排线上集成块的每一个信号输出脚通过软排线与液晶层上的电极相连。软排线通过热压方式与液晶层上的行列电极紧密黏合在一起(行业俗称"压屏")。由于行、列驱动电路所采用的集成块引脚太密，所以，实际电路中，用眼睛是不能直接观察到行、列驱动集成块的输出脚的，只有用高倍放大镜，才能观察到行、列驱动电路上的驱动集成块与液晶层间的电极引线。

| 液晶面板上的其他电路 | |
|---|---|
| 译码器 | 译码器的作用是将数字信号转变为模拟信号 |
| 输出缓冲器 | 输出缓冲器的作用是对译码器送来的并行信号幅度进行放大和实现液晶屏的阻抗匹配 |
| 伽马矫正电路 | 也就是说液晶屏的液晶分子的透光度，和液晶分子上所加的电压并不是一个线性关系，也就是说电阻分压阵列产生的灰阶电压不是线性递增的关系，它的递增关系必须和液晶屏的透光度有一定的线性关系，这样电阻分压阵列的电阻的阻值分配要符合液晶分子透光度的 64 个等分值，这就叫伽马 ($\gamma$) 校正 |
| 逻辑控制 | 根据时序转换电路送来的控制信号，生成 EK7402 中各功能电路的片使能信号 |
| 数据反转 | 通过幅度相同的交变电压或直流电压控制液晶屏中的液晶分子向正、反向扭曲一定的角度，实现光线强弱控制。事实上，液晶分子不论向正方向扭曲，还是向反方向扭曲，其控制光线的作用是相同的。只是在交变电压的控制下，液晶屏的寿命要比固定电场大得多。所以，把图像数据信号经过逐行极性变换后再进行取样，其目的是延长液晶屏的使用寿命 |
| 灰阶电压 | 译码器在把数字信号转换成模拟信号的过程中，要求模拟信号的振幅随图像的明暗变换线性的变化，这个变化的标准是参照灰阶电压来完成的。灰阶电压由低向高有多个级别标准的电压，根据液晶屏的显示"位"的不同，电压级别数量不同，6 位屏灰阶电压产生 10 个电压标准供 D/A 变换译码电路使用 |

## 6.2 屏的结构及组成

我们知道液晶屏里是液晶分子，要扭动液晶分子出现图像必须要用 TFT 薄膜晶体屏管，要驱动屏管就要逻辑板送来的行列信号，因此它类似于 CRT 上的视放板。

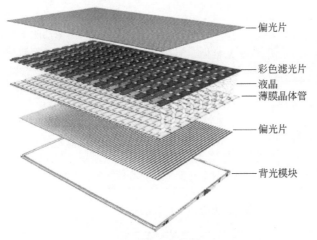

偏光片
彩色滤光片
液晶
薄膜晶体管
偏光片
背光模块

液晶屏由两片偏光板、两片玻璃板中间加上液晶，另外再加上背光源组成，只要加电就可以让液晶改变光的方向。液晶显示屏内包括一片制有很多薄膜晶体管(TFT)的玻璃，一片有红、绿、蓝三基色的彩色滤光片及背光源，背光源发射出的光线，先经过一个偏光板，然后再经过液晶，这时液晶分子的排列方式将会改变穿透液晶的光线角度；接下来这些光线还必须经过前方的彩色滤色片与另一块偏光板。

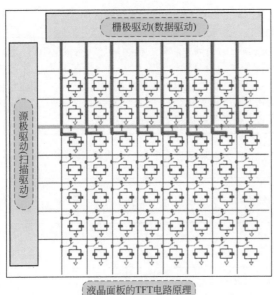

栅极驱动(数据驱动)

源极驱动(扫描驱动)

液晶面板的TFT电路原理

在液晶显示器内部，每个像素都设有一个由TFT半导体器件组成的开关，列电极(信号电极)和像素电极分别与TFT的源极和漏极相连，TFT的栅极与行电极(扫描电极)相连。当有足够高的电压加到TFT的栅极时，TFT就会导通，此时，信号电极和像素电极就会接通。液晶屏内部每个像素可以通过点脉冲直接控制，并通过对TFT的控制完成液晶像素的选择而实现图像显示。屏内部行列驱动电路形成的驱动控制信号通过上屏线加到屏的TFT上。

## 6.3　逻辑板上主要信号及作用

| 逻辑板上主要信号及作用 | | |
|---|---|---|
| VGH | Vgatehigh | 指 gate 级的高电位，也就是打开 gate 级的电压 |
| VGL | Vgatelow | gate 级的低电位，也就是关闭 gate 级的电压，在二阶驱动时此电压有效，在三阶驱动时此电压只是用来产生 Vgoffl。有些屏是负压的 |
| VGOFFL | Vgateofflow | gate 级关闭电压中的低电平（使用在三阶驱动中，由 VGL 经过一个电压转换电路得到） |

续表

| 逻辑板上主要信号及作用 | | |
|---|---|---|
| VGOFFH | Vgateoffhigh | gate 级关闭电压中的高电平 [ 在三阶驱动中使用，用来消除下一条 gate 级关闭时由储存电容（CS ON GATE）造成的电压值改变 ]，它的值基本上可以认为是 VGOFFL+VCOM |
| VDDG, VEEG | | 二阶驱动的 GATE 的开关电平 |
| DCLK | 像素时钟 | 只要是数字信号处理电路，就必须有时钟信号，在液晶面板中，像素时钟是一个非常重要的时钟信号，像素时钟信号的频率与液晶面板的工作模式有关，液晶面板分辨率越高，像素时钟信号的频率也越高 |
| HS 或 HSYNC | 行同步信号 | 其作用是选出液晶面板上有效行视频信号区间 |
| VS 或 VSYNC | 场同步信号 | 其作用是选出液晶面板上有效场视频信号区间 |
| DE 或 DSP、DSPTMG、DEN | 有效数据选通 | 在输入到液晶屏的视频中，有效视频信号（有效 RGB 信号）只占信号周期中的一部分，而信号的行消隐和场消隐期间并不包含有效的视频数据，因此，液晶屏中的有关电路在处理视频信号时，必须将包含有效视频信号的区间和不包含有效视频信号的消隐区间区分开来，为了区分有效和无效视频信号，在液晶屏电路中设置了 DE 信号 |
| L-R | 水平显示模式控制信号 | 用于控制按正常方式还是按水平颠倒方式显示图像 |
| U-D | 垂直显示模式控制信号 | 用于控制按正常方式还是按垂直颠倒方式显示图像 |
| VCOM | 显示屏的基准电压 | |
| VDD | 数字电路供电 | VDD18 表示 1.8V |
| AVDD/VDA | 模拟电路供电 | |
| PWRON | DC/DC 转换 IC 开关信号 | |

## 6.4  实战 18——液晶屏故障特点及判别

　　液晶屏的故障主要有两大类：一是物理性损坏，主要有屏上有坏点（亮点或暗点）、黑屏或屏破碎等；二是因行列驱动电路或液晶分子有故障而出现的花屏、竖带等现象。

　　液晶屏损坏的常见故障现象如下。

**① 垂直线条：一条或多条垂直的线条**

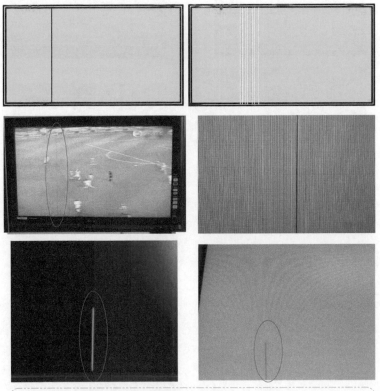

此类故障几乎是屏坏。可用以下简便方法快速判断：① 切换屏显模式法；② 菜单字符法；③ 双画面/画中画法；④ 画面移动法。
在上述方法下故障依旧，判断为屏故障。

**② 水平线条：一条或多条水平的线条或带**

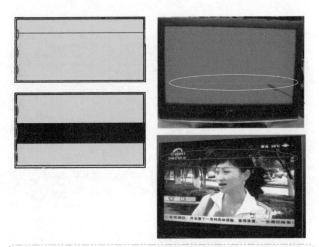

此类故障几乎是屏坏。可用以下简便方法快速判断：① 菜单字符法；② 双画面/画中画法；③ 画面移动法。因为是水平线条，故切换屏显模式法已无法使用。在上述方法下故障依旧，判断为屏故障。

满屏横线，是屏坏

不细看类似横线，放大后可以看
到产生横线的地方是有裂痕的，为
屏坏。

下部横线，上部图像正常。类似
有横线部分还有一部分正常的图像
的，可以判断为屏坏。

## ③ 阴影、暗角

屏幕角上阴影

屏幕两侧垂直分布的阴影

屏幕水平分布的阴影

此类故障几乎是屏坏。可用以下简便方法快速判断：① 菜单字符法；② 双画面/画中画法；③ 画面
移动法；④ 切换屏显模式法。在上述方法下故障依旧，判断为屏故障。

对于处于角部的阴影，双面画/图形冻结法可简便有效地作出是否是屏
坏的判断。如图所示案例，主画面左下角阴影，而小画面的左下角正
常，确定为屏坏。

**④ 垂直色带**

> 此类故障几乎是屏坏。可用以下简便方法快速判断：① 菜单字符法；② 双画面/画中画法；③ 画面移动法；④ 切换屏显模式法。在上述方法下故障依旧，判断为屏故障。

**⑤ "漏液" 状的色斑**

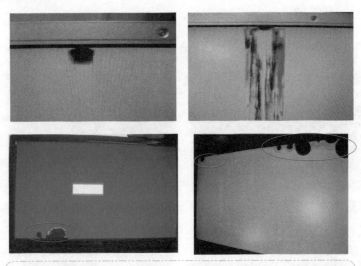

> 漏液现象形成的原因：一般是受外力、腐蚀、生锈或有裂纹。漏液这种故障是没有办法修复的。

**⑥ 漏光**

> 产生漏光的原因：导光板本身不良、光学膜片变形(设计不良)或玻璃基板有问题。

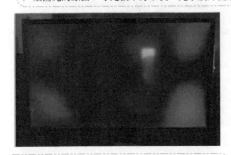

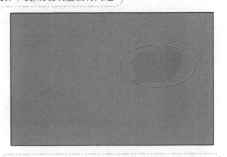

> 在低灰阶画面下，屏某些区域显示比其他区域亮。

> 在低灰阶画面下，屏某些区域显示比其他区域暗。

**⑦ 屏上有"黑点""黑斑"**

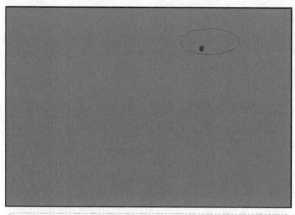

　　故障原因：屏内部有异物，是换屏时或屏生产时进入的灰尘或屏内脱落的一些塑料屑。
　　有条件的情况下，可以修复，可小心地清除异物。

**⑧ 两边颜色出现异常**

以屏幕垂直中心线为界，屏幕左右两边的颜色出现异常现象，一半正常，另一半颜色异常。

此类故障几乎是屏坏。可用以下简便方法快速判断：① 菜单字符法；② 双画面/画中画法；③ 切换屏显模式法。在上述方法下故障依旧，判断为屏故障。

| 总结：屏损坏的主要特征 | |
|---|---|
| 1 | 液晶屏主要故障有：亮点、暗点、竖线、花屏、漏液等 |
| 2 | 出现一条或多条垂直的线条，线条满屏或断续 |
| 3 | 出现一条或多条水平的线条，线条满屏或断续 |
| 4 | 出现一条或多条垂直的色带 |
| 5 | 图像上出现暗区或阴影 |
| 6 | 屏上有漏液状的色斑 |
| 7 | 以屏幕上某条垂直线为中心，左右两边的图像出现异常现象。一般是分界线明晰，有重叠或折叠现象、位置是固定的、行场线性不良等 |
| ⚠ | 由于液晶屏是直接显示图像的，所以液晶屏的故障会一直存在，与当前信号源和信号内容无关。如果遇到类似故障现象，并且在 TV、AV 分量等各通道下都存在，在各通道下故障现象也都一样，那么基本可以确定是液晶屏的故障。若上述故障只是在某种信号情况下存在，则不是屏的问题<br><br>液晶屏故障不会影响逻辑板和逆变器，所以整机一般还可以显示图像 |

## 6.5 上屏线输出接口概述

### 6.5.1 LVDS 输出接口及电路组成

#### ① LVDS 输出接口

什么是 LVDS 输出接口呢？ LVDS，即 Low Voltage Differential Signaling，是一种低压差分信号技术接口。它是美国 NS 公司（美国国家半导体公司）为克服以 TTL 电平方式传输宽带高码率数据时功耗大、EMI 电磁干扰大等缺点而研制的一种数字视频信号传输方式。

LVDS 输出接口利用非常低的电压摆幅（约 350mV）在两条 PCB 走线或一对平衡电缆上通过差分进行数据的传输，即低压差分信号传输。采用 LVDS 输出接口，可以使得信号在差分 PCB 线或平衡电缆上以几百兆比特每秒的速率传输，由于采用低压和低电流驱动方式，因此，实现了低噪声和低功耗。

#### ② LVDS 接口电路的组成

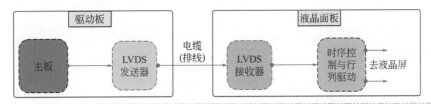

在液晶显示器中，LVDS接口电路包括两部分，即驱动板侧的LVDS输出接口电路(LVDS发送器)和液晶面板侧的LVDS输入接口电路(LVDS接收器)。LVDS发送器将驱动板主控芯片输出的信号电平并行RGB数据信号和控制信号转换成低电压串行LVDS信号，然后通过驱动板与液晶面板之间的柔性电缆(排线)将信号传送到液晶面板侧的LVDS接收器，LVDS接收器再将串行信号转换为TTL电平的并行信号，送往液晶屏时序控制与行列驱动电路。

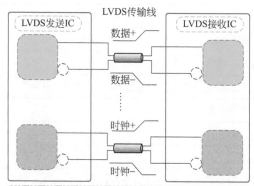

在数据传输过程中,还必须有时钟信号的参与,LVDS接口无论传输数据还是传输时钟,都采用差分信号对的形式进行传输。所谓信号对,是指LVDS接口电路中,每一个数据传输通道或时钟传输通道的输出都为两个信号(正输出端和负输出端)。

需要说明的是,不同的液晶显示器,其驱动板上的 LVDS 发送器不尽相同,有些 LVDS 发送器为一片或两片独立的芯片(如 DS90C383),有些则集成在主控芯片中(如主控芯片 gm5221 内部就集成了 LVDS 发送器)。

## 6.5.2 LVDS 输出接口电路类型和屏接口定义

### ① LVDS 输出接口电路类型

与 TTL 输出接口相同,LVDS 输出接口也分为以下四种类型。

① 单路 6 位 LVDS 输出接口  这种接口电路中,采用单路方式传输,每个基色(即 RGB 三色中的其中任何一种颜色)信号采用 6 位数据(XOUT0+、TXOUT0-,TXOUT1+、TXOUT1-,TXOUT2+、TXOUT2-),共 18 位 RGB[6bit X3(RGB 三色)] 数据,因此,也称 18 位或 18bitLVDS 接口。

② 双路 6 位 LVDS 输出接口  这种接口电路中,采用双路方式传输,每个基色信号采用 6 位数据,其中奇路数据为 18 位,偶路数据为 18 位,共 36 位 RGB 数据,因此,也称 36 位或 36bit LVDS 接口。

③ 单路 8 位 1TL 输出接口  这种接口电路中,采用单路方式传输,每个基色信号采用 8 位数据(XOUT0+、TXOUT0-,TXOUT1+、TXOUT1-,TXOUT2+、TXOUT2-,TXOUT3+,TXOUT3-),共 24 位 RGB 数据(8bit X 3),因此,也称 24 位或 24bit LVDS 接口。

④ 双路 8 位 1TL 输出接口  这种接口电路中,采用双路方式传输,每个基色信号采用 8 位数据,其中奇路数据为 24 位,偶路数据为 24 位,共 48 位 RGB 数据,因此,也称 48 位或 48bit LVDS 接口。

### ② LVDS 屏接口定义

我们以一个单 6 位 LVDS 的屏来解析一下,此款屏的型号为 LP141X3(20 针插接口)。屏接口定义在液晶屏的规格书里面都有这一个页面。

| LP141X3 屏接口定义 | | | |
|---|---|---|---|
| 针号 | 符号 | 功能 | 作用 |
| 1 | VDD | Power supply3.3 | 3.3V 供电 |
| 2 | VDD | Power supply3.3 | 3.3V 供电 |
| 3 | GND | Ground | 地 |
| 4 | GND | Ground | 地 |
| 5 | RIN0- | Receiver signal（-） | 一组数据 0-（1） |
| 6 | RIN0+ | Receiver signal（+） | 一组数据 0+（2） |
| 7 | GND | Ground | 地 |
| 8 | RIN1- | Receiver signal（-） | 一组数据 1-（3） |
| 9 | RIN1+ | Receiver signal（+） | 一组数据 1+（4） |
| 10 | GND | Ground | 地 |
| 11 | RIN2- | Receiver signal（-） | 一组数据 2-（5） |
| 12 | RIN2+ | Receiver signal（+） | 一组数据 2+（6） |
| 13 | GND | Ground | 地 |
| 14 | CLK | CLOCK | 一组时钟信号 |
| 15 | CLK | CLOCK | 一组时钟信号 |
| 16 | GND | Ground | 地 |
| 17 | NC | | 空脚 |
| 18 | NC | | 空脚 |
| 19 | GND | Ground | 地 |
| 20 | GND | Ground | 地 |

在屏的接口定义中我们看出液晶屏的供电为 3.3V。出现了 RIN 单组数据中有 0+、0-、1+、1-、2+、2-，单组 6 条数据线的接口，所以说这个就是 20 针单 6 位的屏。

下面再以一个 30 片插双 8 位的屏接口定义学习一下（屏号为 CLAA170EA02）。

| 双 8 位的屏接口定义 | | | |
|---|---|---|---|
| 针号 | 符号 | 功能 | 作用 |
| 1 | RXO0- | minus signal of odd channel 0（LVDS） | 第一组数据 1 |
| 2 | RXO0+ | plus signal of odd channel 0（LVDS） | 第一组数据 2 |
| 3 | RXO1- | minus signal of odd channel 1（LVDS） | 第一组数据 3 |
| 4 | RXO1+ | plus signal of odd channel 1（LVDS） | 第一组数据 4 |

续表

| 双 8 位的屏接口定义 | | | |
|---|---|---|---|
| 针号 | 符号 | 功能 | 作用 |
| 5 | RXO2− | minus signal of odd channel 2（LVDS） | 第一组数据 5 |
| 6 | RXO2+ | plus signal of odd channel 2（LVDS） | 第一组数据 6 |
| 7 | GND | ground | 地 |
| 8 | RXOC− | minus signal of odd clock channel（LVDS） | 第一组时钟信号 |
| 9 | RXOC+ | plus signal of odd clock channel（LVDS） | 第一组时钟信号 |
| 10 | RXO3− | minus signal of odd channel 3（LVDS） | 第一组数据 7 |
| 11 | RXO3+ | plus signal of odd channel 3（LVDS） | 第一组数据 8 |
| 12 | RXE0− | minus signal of even channel 0（LVDS） | 第二组数据 1 |
| 13 | RXE0+ | plus signal of even channel 0（LVDS） | 第二组数据 2 |
| 14 | GND | ground | 地 |
| 15 | RXE1− | minus signal of even channel 1（LVDS） | 第二组数据 3 |
| 16 | RXE1+ | plus signal of even channel 1（LVDS） | 第二组数据 4 |
| 17 | GND | ground | 地 |
| 18 | RXE2− | minus signal of even channel 2（LVDS） | 第二组数据 5 |
| 19 | RXE2+ | plus signal of even channel 2（LVDS） | 第二组数据 6 |
| 20 | RXEC− | minus signal of even clock channel（LVDS） | 第二组时钟信号 |
| 21 | RXEC+ | plus signal of even clock channel（LVDS） | 第二组时钟信号 |
| 22 | RXE3− | minus signal of even channel 3（LVDS） | 第二组数据 7 |
| 23 | RXE3+ | plus signal of even channel 3（LVDS） | 第二组数据 8 |
| 24 | GND | ground | 地 |
| 25 | NC | NC | 空 |
| 26 | NC | Test pin | 空 |
| 27 | NC | NC | 空 |
| 28 | VCC | Power supply input voltage（5.0 V） | 供电 5V |
| 29 | VCC | Power supply input voltage（5.0 V） | 供电 5V |
| 30 | VCC | Power supply input voltage（5.0 V） | 供电 5V |

这里面出现了两组数据每组中都有一对时钟信号，这个屏我们就能看出这是一个 30 针双 8 位屏，屏的供电为 5V。

LVDS 数据信号有单、双路传输之分，而每一路又可分为多组，每组又由正、负两种信号（即差分信号）组成，其组成关系如下图所示。

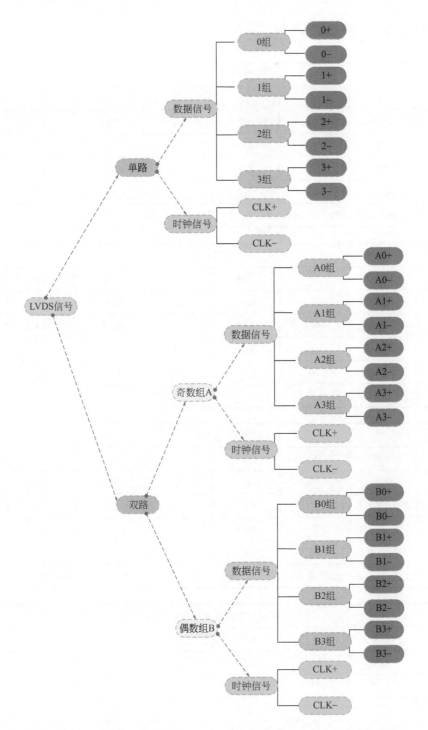

　　这里的"单""双"是指单路或双路方式的传输。"单 6 线"就是单路传输，有 3 组数据线和一组时钟线，共 4 组双绞线；同理，"单 8 线"就是单路传输，有 4 组数据线和一组时钟线，共 5 组双绞线。"双 6 线"就是双路传输，有 2×3 组数据线和 2 组时钟线，共 8 组双绞线；同样，"双 8 线"就是双路传输，有 2×4 组数据线和 2 组时钟线，共 10 组双绞线；"双 10 线"就是双路传输，有 2×5 组数据线和 2 组时钟线，共 12 组双绞线。

### 3 常见的 LVDS 接口定义

| 20 针单 6 定义 | | | | | | | |
|---|---|---|---|---|---|---|---|
| 1 | 电源 | 6 | R0+ | 11 | R2- | 16 | 空 |
| 2 | 电源 | 7 | 地 | 12 | R2+ | 17 | 空 |
| 3 | 地 | 8 | R1- | 13 | 地 | 18 | 空 |
| 4 | 地 | 9 | R1+ | 14 | CLK- | 19 | 空 |
| 5 | R0-6 | 10 | 地 | 15 | CLK+ | 20 | 空 |
| 每组信号线之间电阻为：数字表 100Ω 左右，指针表 20 ~ 100Ω 左右（4 组相同阻值） | | | | | | | |

| 20 针双 6 定义 | | | | | | | |
|---|---|---|---|---|---|---|---|
| 1 | 电源 | 6 | R0+ | 11 | CLK- | 16 | RO2+ |
| 2 | 电源 | 7 | R1- | 12 | CLK+ | 17 | RO3- |
| 3 | 地 | 8 | R1+ | 13 | RO1- | 18 | RO3+ |
| 4 | 地 | 9 | R2- | 14 | RO1+ | 19 | CLK1- |
| 5 | R0-6 | 10 | R2+ | 15 | RO2- | 20 | CLK1+ |
| 每组信号线之间电阻为：数字表 100Ω 左右，指针表 20 ~ 100Ω 左右（8 组相同阻值） | | | | | | | |

| 20 针单 8 定义 | | | | | | | |
|---|---|---|---|---|---|---|---|
| 1 | 电源 | 6 | R0+ | 11 | R2- | 16 | R3- |
| 2 | 电源 | 7 | 地 | 12 | R2+ | 17 | R3+ |
| 3 | 地 | 8 | R1- | 13 | 地 | 18 | |
| 4 | 地 | 9 | R1+ | 14 | CLK- | 19 | |
| 5 | R0-6 | 10 | 地 | 15 | CLK+ | 20 | |
| 每组信号线之间电阻为：数字表 100Ω 左右，指针表 20 ~ 100Ω 左右（8 组相同阻值） | | | | | | | |

| 30 针双 8 定义 | | | | | | | |
|---|---|---|---|---|---|---|---|
| 1 | 电源 | 9 | R0+ | 17 | 地 | 25 | RB2- |
| 2 | 电源 | 10 | R1- | 18 | R3- | 26 | RB2+ |
| 3 | 电源 | 11 | R1+ | 19 | R3+ | 27 | CLK2- |
| 4 | 空 | 12 | R2- | 20 | RB0- | 28 | CLK2+ |
| 5 | 空 | 13 | R2+ | 21 | RB0+ | 29 | RB3- |
| 6 | 空 | 14 | 地 | 22 | RB1- | 30 | RB3+ |
| 7 | 地 | 15 | CLK- | 23 | RB1+ | | |
| 8 | R0- | 16 | CLK+ | 24 | 地 | | |
| 每组信号线之间电阻为：数字表 100Ω 左右，指针表 20 ~ 100Ω 左右（10 组相同阻值） | | | | | | | |

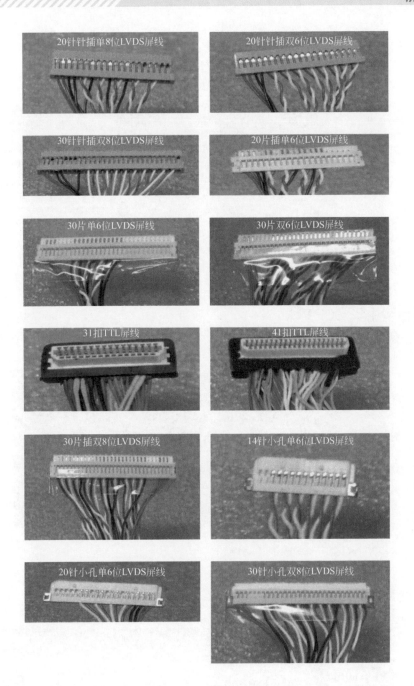

## 6.6 液晶面板型号识别

　　目前，生产液晶屏的厂家主要有中国台湾的友达、奇美、光辉、中华及大陆的上广电、京东方等，韩国的三星、LG、Philips，日本的日立、夏普、NEC、IMES 等。

　　不同厂家生产的液晶屏，其命名规则不同，主要命名规则如下。

**1** 三星屏

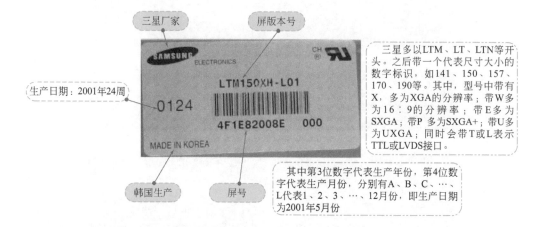

三星厂家

屏版本号

生产日期：2001年24周

0124

LTM150XH-L01

4F1E82008E    000

MADE IN KOREA

韩国生产

屏号

三星多以LTM、LT、LTN等开头。之后带一个代表尺寸大小的数字标识，如141、150、157、170、190等。其中，型号中带有X，多为XGA的分辨率；带W多为16：9的分辨率；带E多为SXGA；带P多为SXGA+；带U多为UXGA；同时会带T或L表示TTL或LVDS接口。

其中第3位数字代表生产年份，第4位数字代表生产月份，分别有A、B、C、…、L代表1、2、3、…、12月份，即生产日期为2001年5月份

**2** 中国台湾中华（CPT）

厂家:台湾中华

屏型号

屏号

中国台湾中华(CPT)液晶屏，多以CLAA、CPT、AA开头如CLAA150XP6。

**3** 中国台湾友达（AUO）

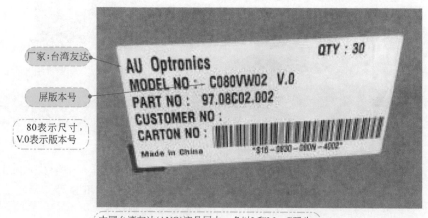

厂家:台湾友达

屏版本号

80表示尺寸，V.0表示版本号

中国台湾友达(AUO)液晶屏中，多以L和M、C开头。

### ④ 其他屏的命名规则

现代（HYUNDAI）液晶屏一般以 HT 开头。

三洋（SANYO/TORISAN）液晶屏一般为 LQ 开头。

日立（HITACI）液晶屏一般为 TX 加屏的尺寸大小（cm）及代表分辨率的数字，一般为 9 代表 SXGA+，5 代表 UXGA，其他的一般为 XGA；TX 后面的数字，26 为 10.4in，31 为 21.1in，34 为 13.3in，36 为 14.1in，38 为 15in，41 为 16in，43 为 17in，46 为 18.1in。

富士通（FUJITSU）液晶屏一般为 EDTC、CA、FLC 开头。

夏普（SHARP）液晶屏一般为 EDTC、CA、FLC 开头。

NEC 液晶屏一般为 NL 开头。

台湾奇美（CHIMEI）液晶屏一般为 N、M、V 开头。

台湾光辉或广达（QUANTA）液晶屏一般为 QD 开头。

台湾瀚宇（Hannstar）液晶屏一般为 HSD 开头。

### ⑤ 要看屏型号的原因

| 要看屏型号的原因 |
| --- |
| ❶ 有了屏的型号就可以查到液晶屏的接口定义，看出现在手头上的液晶屏是什么接口的液晶屏（比如是 LVDS 屏还是 TTL 屏，或者是 RSDS 屏和 TMDS 屏） |
| ❷ 需要配什么屏线和屏供电电压是多少（如是单 8 位的屏线还是双 8 位的屏线；屏的供电是 3.3V、5V 还是 12V 供电），所以一定要学会正确地看出屏型号。这个很关键也很简单，一定要会 |
| ⚠ 一定不要把外壳后面的型号当成是屏的型号，因为那里是液晶品牌的型号和代工生产厂家的出厂的一些编号。正确的应该是拆开外壳，看液晶屏背面上有一个有条形码的标贴上的。一般都是条形码上方的 |

## 6.7 逻辑电路

### 6.7.1 逻辑电路的作用及结构

逻辑板又称为"控制板"或 TCON 板，其作用是把主板送来的 LVDS 或 TTL 图像数据信号、时钟信号进行移位寄存器储存图像数据信号、时钟信号信号，转换成屏能够识别的控制信号行列信号 RSDS，控制屏内的 MOSFET 管工作而控制液晶分子的扭曲度。

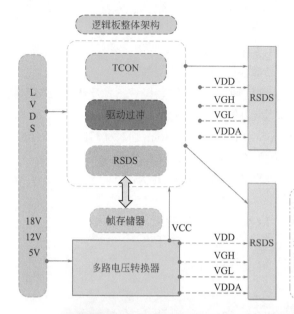

逻辑板整体架构

TCON

驱动过冲

RSDS

LVDS

18V
12V
5V

帧存储器

VCC

多路电压转换器

VDD
VGH
VGL
VDDA

RSDS

VDD
VGH
VGL
VDDA

RSDS

RSDS

逻辑板是一个具有软件和固有程序的组件，内置有移位寄存器(水平和垂直移位)的专用模块FLASH，即使厂家也无法改变。逻辑板的供电不是由开关电源直接提供，一般由主板上的稳压电路提供。

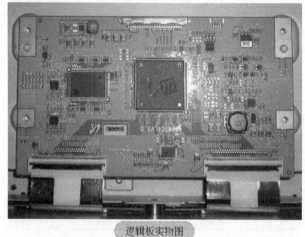

逻辑板实物图

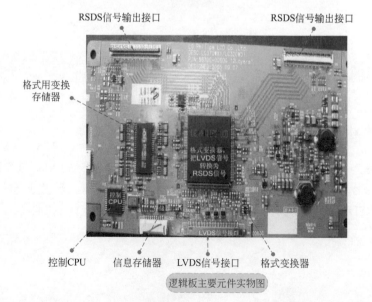

RSDS信号输出接口

RSDS信号输出接口

格式用变换
存储器

格式变换器，把LVDS信号转换为RSDS信号

控制CPU

信息存储器

LVDS信号接口

格式变换器

逻辑板主要元件实物图

## 6.7.2　实战 19——逻辑电路的常见故障及故障判断

### ① 逻辑板的工作条件

| 逻辑板的工作条件 | |
|---|---|
| 正确的供电 | 供电电压有：+3.3V、+5V、+12V 等，这个电压是从主板送过来的，在主板上靠近 LVDS 插座处会有一个切换 LVDS 供电的 MOS 管开关，靠近 MOS 管处有选择 LVDS 电压的磁珠或跳线。根据具体使用的液晶屏的型号确定供电电压是多少伏来选择对应的磁珠或跳线 |
| 正确的 LVDS 信号 | LCD 液晶屏分为高清屏（1366×768）和全高清屏（1920×1080），高清屏均为单 8 位 LVDS 传输，包括 8 位数据、2 位时钟共 10 条数据线；全高清屏均为双路 LVDS 传输，包括 8 位奇数据、8 位偶数据、2 位奇时钟和 2 位偶时钟，共 20 条数据线，所以从数字板过来的 LVDS 线的条数是不一样的，因为 LVDS 信号电平为 1V 左右，通过万用表是可以测量出来的 |
| 液晶屏信号格式选择电压 | LVDS 信号格式有 2 种：VESA 格式和 JEIDA 格式。在靠近 LVDS 插座处会有 2 个选择 LVDS 格式的电阻，根据液晶屏的要求来选择其阻值。一般有 0V、+3.3V、+5V 和 +12V 等几种选择。不同的液晶屏应该选择不同的电压 |
| 帧频选择端口 | 有些液晶屏具有这个端口，如奇美屏。在该端口接上选择电平，可以使屏的显示频率在 50Hz 和 60Hz 帧频进行选择，以适应输入信号的帧频。如果该端口的选择电平错误，屏的显示频率和输入信号的帧频不相同，会出现无显示故障等 |
| 对应的程序 | 不同的液晶屏一般需要选择不同的 LVDS 程序，当程序不匹配时多会出现彩色或图像不正常等现象 |

### ② 逻辑板的常见故障现象及特点

逻辑板的常见故障现象主要有：黑屏、白屏、灰屏、负像、噪波点、竖带、图像太亮或太暗等。

逻辑板故障会造成液晶屏不能正常显示图像，当然也无法正常地显示菜单控制项。但逻辑板故障不会影响主板，所以遥控和按键待机都可以正常作用（记住这一点）。

逻辑板故障一般不会影响背光驱动，所以整机背光可以正常点亮。但个别显示屏的控制方式不同，可能会出现逻辑板不工作或造成背光板工作不正常。

如果出现黑屏（背光灯点亮）或白屏而主板输出至逻辑板的供电电压正常，有可能是逻辑板上的保险管断路造成，直接更换保险管即可。

### ③ 逻辑板常见故障的判断

① 初步判断　由于图像处理部分分为信号部分和逻辑电路部分，维修时首先须判断故障范围是哪一部分。

如果主板输出至逻辑板的供电电压正常，LVDS 信号输出也正常，则基本可以确定是逻辑板故障。如果供电电压不对，或 LVDS 信号输出不对，则是主板输出有问题。

基本上可以这样认为：如果故障与信号源有关（例如 TV 状态下出现，AV 状态下不出现），则首先怀疑主芯片以前的部分；如果所有图像及 OSD 屏显都异常，则怀疑 LVDS 信号以后部分（包括 LVDS 线路和 TCON 部分）；特别是如果屏幕出现竖线、竖带或左右半屏异常，基本上是逻辑电路部分的 RSDS 线附近的问题。

② 黑屏与白屏问题　由于液晶屏制程不同，一般 32in 以上的屏在逻辑板没有供电电压时会出现黑屏；26in 以下的屏则是白屏。

首先要判断故障在信号处理电路还是逻辑电路。有条件的可以通过测量连接信号处理部分和逻辑板之间的 LVDS 信号，来判断故障范围。如果不正常，则检查前面的信号处理部分。通过测量屏驱动电压是否正常来判断 DC/DC 转换电路是否有故障。

类似问题产生的原因大部分是屏的问题，有少部分是数字板问题。需要检查一下逻辑板供电，如正常，并且遥控器控制电视正常的话可以判断为屏坏。

③ 花屏问题　逻辑板与屏都可引起图像花屏，但是逻辑板的花屏与屏产生的花屏是有区别的，逻辑板的花屏表现为上下有规则的花屏。逻辑板与屏连接线接触不良的花屏中间图像夹杂很多细小的彩点，可以插拔线来确认。

花屏问题主要有两类：一是由于 LVDS 信号不正常输入造成的，常表现为图像有红色或绿色噪波点；二是由于屏驱动电压不正常造成的。

花屏可能的故障部位有：逻辑板、LVDS线、数字板等。

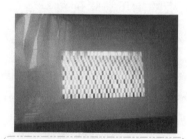

图像字符出现马赛克状的花屏，一般是数字板的DDR芯片和CPU之间通信不良造成的，可以确定此种故障只能在数字板。

花屏、满屏竖线：液晶屏不良、数字中处理板不良、LVDS线接触不良或本身不良都有可能出现这种现象。

逻辑板的典型故障是：无图像，屏幕垂直方向有断续的彩色线条，也无字符（这一点很重要）。可以测试上屏电压，+5V 或 +12V 看屏型号而定。再测试 LVDS 输出接口上的电压，看静态和动态两种情况是否变化，若不变化基本可判断在逻辑板上出现故障，有条件的话拿一个格式一样的逻辑板进行代换最为可靠，只要格式、上屏电压一样都可以代换测试，虽然有的图像偏移但是为了找到故障点。逻辑板的 LVDS 线都有一定规律，边上红色的是电源，绞在一起的是 LVDS 信号线，现在的逻辑板和屏是连在一起的，由于配件及技术和精密特点一般不好维修，售后也是换板或者连屏一起更换。

## 6.7.3 逻辑电路的维修及维修案例

| 白屏故障的维修 | |
| --- | --- |
| 检测的重点 | 逻辑板的白屏在维修中也占有一定比例，遇到白屏故障首先要检查 3 个电压，第一个电压是 10V 或者是 12V（它是由 5V 或 33V 的屏供电电压经过一个简单升压后，产生的一个电压）；第二个电压是 25V 或者是 30V，由屏而定（它是由 DC/DC 变换电路输出的）；第三个电压是 -7V（它也是由 DC/DC 变换电路输出的）。一般屏电路这三个电压都正常，最后才考虑主芯片；一般屏的 DC/DC 变换电路，第一要检查的就是滤波电容，第二就是 DC/DC 电路，IC 坏得多，检查以上几步如果还不能修好，建议直接更换逻辑板，如果是一体屏，那就只有更换整张边板或者屏了 |
| 故障判断 | 花屏检查 LVDS 连接线，一般接口处连接松动或潮湿，芯片坏的也有<br>调节显示器时菜单乱码，更换主芯片或者存储器 |

| 逻辑电路的常用维修方法 | |
| --- | --- |
| 电阻检测法 | 在逻辑板不通电的情况下进行检测，主要检查逻辑板上的保险电阻是否开路，逻辑板上相关集成电路的电源脚和地间是否击穿，逻辑板上的三极管是否漏电或不良 |
| 对照法 | 因厂家对屏上组件资料进行控制，目前没有多少逻辑板电路图可参考。实修时，可拿一块同型号好的逻辑板与坏逻辑板进行对比测试。这样既可获得一手维修资料，也有助于查找故障元件 |
| 上电测试法 | 上电测试主要检测以下关键点：<br>❶ 检查上屏电压是否正常（不同型号屏的上屏电压存在差异，上屏电压主要有 +5V 或 +12V 两种）<br>❷ 检查逻辑板上 DC/DC 转换电路产生的 +3.3V、+2.5V 或 +1.8V 供电是否正常（不同屏厂家的标注不相同，如 AUT420HW04 屏逻辑板上 3.3V 用 "V3D3" 标注）<br>❸ 检查逻辑板上 DC/DC 转换电路产生的 VDA 电压是否正常，该电压通常在 +15.8V 左右<br>注意：不同屏厂家的标注不相同，电压也有些差异，如 AUT420HW04 屏逻辑板上用 AVDD 标注，电压为 +15.81V<br>❹ 检查逻辑板上 DC/DC 转换电路产生的 VGH、VGL 电压是否正常，VGH 电压通常在 18～27V，VGL 电压通常在 +5.3～-6.3V 之间<br>注意：不同屏厂家的标注不相同，电压也有些差异，如 AUT420HW04 屏逻辑板上用 VGHC、VGL 标注，VGHC 电压为 +26.58V，VGL 电压为 -6.11V<br>❺ 检查逻辑板上伽马电路产生的伽马电压是否正常，伽马电压通常是以 VDA 电压为基准逐渐递减（不同屏的伽马电压各不相同）<br>❻ 检查逻辑板上时序控制芯片产生的各控制信号（POL、OE、TP1、STH、STH-R、STV、STV-R、CKV、VSCM）是否正常 |
| 代换法 | 如逻辑板上各检测点电压正常，但屏幕出现很多无规则的竖线、灰屏或只有一半图像，这时需要代换逻辑板来判断是屏的问题还是逻辑板的问题 |

| 故障现象 | 有声无图，黑屏 |
|---|---|
| 故障机型 | TLM4236P　机芯：液晶 LCD-MST6 |
| 故障分析 | 开机检查背光灯亮，检测屏供电 12V 正常，遥控开关机正常，这说明主板控制部分工作正常，因此把重点放在对逻辑板的检查上，因为是屏不能点亮，所以把 DC/DC 变换器电路作为重点检查 |
| 维修方法 | ❶ 该电路正常启动工作时存在严格的时序关系，因此依此时序关系分别检查各路电压，发现 VGHP 电压仅为 10.5V，而正常时为 19.5V，VGH 电压为 0V，正常时应为 18V，显然，问题是因 VGHP 电压不能正常升压引起的<br>❷ 经检测 UP1 的第 10 脚电压为 0V，而正常时 10 脚应能检测到 22.5V 的直流电压，交流检测时有 5V 左右的交流电压，但实测交直流电压均检测不到，测量该脚对地电阻无异常，怀疑 UP1 第 10 脚内部损坏<br>❸ 更换 DC/DC 变换器后，故障排除 |

| 故障现象 | 白屏 |
|---|---|
| 故障机型 | TLM40V68P　机芯：液晶 LCD-MST6M68F |
| 故障分析 | 开机检查发现整机启动正常，但是屏亮起的时间较长，且亮起后呈现白屏，伴音及整机其他功能均正常，因此将故障确定在逻辑板上 |
| 维修方法 | ❶ 首先检测逻辑板各路供电，发现 VGHP 检测点无电压，而正常时此检测点应有 19.5V 电压<br>❷ 再测其他几个检测点电压正常，取下逻辑板测 VGHP 电压输出端对地电阻为 0Ω，显然这个问题就是因无 VGHP 电压引起的。当取下滤波电容 CP19 时，复测 VGHP 输出端对地电阻恢复正常，将逻辑板装回原机，开机故障依然如故，再测仍无 VGHP 电压。往前再测 UP1 第 10 脚有正常的直流 22.5V 和交流 5V 输出，VAA 检测点也有正常的 13V 电压，由此确定无 VGHP 电压是因 DP5 开路所致<br>❸ 直接更换 DP5 后，开机检测 VGHP 电压有正常的 19.5V 电压输出，整机恢复正常 |
| 小结 | 该故障形成是因为 VGHP 电压是为 gate 级提供的高电位，也就是打开 gate 级的电压，当液晶 LCD 屏失去该电压时就会造成液晶 LCD 屏内部 TFT 不能正常工作而出现此类故障 |

| 故障现象 | 屏上面有不规则彩色竖线 |
|---|---|
| 故障机型 | 上广电 SVA 260PW023S 屏 |
| 故障分析 | 逻辑板有问题 |
| 维修方法 | ❶ 检查逻辑板 5V 供电正常。逻辑板数字供电 3.3V 也正常。屏驱动所需要的 VGH、VGL 都没有<br>❷ 怀疑 DC/DC 电路有问题，逐个检测 VGH 和 VGL 对地电阻。发现 VGH 对地电阻为 300Ω 左右，而 VGL 对地电阻为 36kΩ 以上<br>❸ 怀疑 VGH 滤波电容漏电，去掉 VGH 对地的三个贴片电容，检测 VGH 对地电阻为 45kΩ 左右。拆下来的三个贴片进行逐个测量，有两个漏电比较严重，更换电容后试机，机器恢复正常 |

| 故障现象 | 白屏 |
|---|---|
| 故障机型 | TLM40V68P　机芯：液晶 LCD-MST6M68FQ |
| 故障分析 | 开机检查发现整机启动正常，但是屏亮起的时间较长，且亮起后呈现白屏，伴音及整机其他功能均正常，因此将故障确定在逻辑板上 |

| 维修方法 | ❶ 首先检测逻辑板各路供电，发现 VGHP 检测点无电压，而正常时此检测点应有 19.5V 电压<br>❷ 再测其他几个检测点电压正常。取下逻辑板，测 VGHP 电压输出端对地电阻为 0Ω，显然这个问题就是因无 VGHP 电压引起的，当取下滤波电容 CP19 时，复测 VGHP 输出端对地电阻恢复正常，将逻辑板装回原机，开机故障依然如故，再测仍无 VGHP 电压。往前再测 UP1 第 10 脚有正常的直流 2.25V 和交流 5V 输出，VAA 检测点也有正常的 13V 电压，由此确定无 VGHP 电压是因 DP5 开路所致，直接更换后开机检测 VGHP 电压有正常的 19.5V 电压输出，整机恢复正常 |
|---|---|
| 小结 | 该故障形成是因为 VGHP 电压是为 gate 级提供的高电位，也就是打开 gate 级的电压，当液晶 LCD 屏失去该电压时就会造成液晶 LCD 屏内部 TFT 不能正常工作而出现此类故障 |

# 第7章

# 液晶彩电常见故障的维修

## 7.1 三无故障的维修

### ▶ 7.1.1 三无故障原因的分析

三无故障主要现象是无光栅、无图像、无伴音，且指示灯也不点亮。主要故障原因在电源和 CPU 这两部分电路。

| 三无故障原因 | |
|---|---|
| 待机电源有问题 | 常见的待机电源电压有 5V、3.3V，个别机子是 12V 的。该电压不正常，会使 CPU 没有工作电压，导致整机不能二次开机 |
| CPU 工作条件不具备 | ❶ 没有 CPU 的供电电压或其电压过低<br>❷ 时钟振荡电路异常<br>❸ 复位电路异常<br>❹ 总线电压异常 |
| DDR 储存器或程序储存器有问题 | 液晶彩电在开机时，CPU 会将 FLASH 存储器中的程序调用到 DDR 储存器中进行运行，因此，DDR 储存器或程序储存器有问题，将导致不能开机<br>　DDR 储存器各代的工作电压：第一代供电电压为 2.5V，基准电压为 1.25V；第二代供电电压为 1.8V，基准电压为 0.9V；第三代供电电压为 1.5V，基准电压为 0.75V |
| 主芯片本身有问题 | 主芯片本身损坏或有引脚接触不良的现象 |
| 程序数据有问题 | 程序数据有问题即软件有故障。若怀疑软件有问题，可采用升级软件的方法，看故障是否能够排除 |

续表

| 三无故障原因 | |
|---|---|
| 开机 / 待机控制电路有故障 | 开机 / 待机控制电路有故障，致使不能够开机 |
| 主电压或某组电压有问题 | 主电压输出电压低或无输出，或其他 DC/DC 变换电路输出电压不正常，都将会导致三无现象等 |

## ▶ 7.1.2　三无故障维修案例

| 故障现象 | 三无 |
|---|---|
| 故障机型 | TCL　L46P10BD（MS68） |
| 故障分析 | 电源、主板、CPU 工作条件、储存器等有问题 |
| 维修方法 | ❶ 上电试机，指示灯点亮，不开机<br>❷ 测量 PW-ON 为高电平正常，DIM 为 3.3V 正常，BL-ON 信号为低电平（0V）不正常。说明待机 CPU 是正常的<br>❸ 测量 U201（MST6M68FQ）的供电正常，测量 U805 的输出电压为 1.2V 不正常，测量 U805 的输入电压只有 2.3V 不正常。断开 U805 电压依旧，U805 是受控于 Q806、Q807 的。短路 5VAIN，一切正常<br>❹ 检查 Q806、Q807 正常，检查 R856、R857 正常。最后发现是电容 C856 漏电。更换电容后故障排除 |

| 故障现象 | 不能开机 |
|---|---|
| 故障机型 | 创维 42E750A　机芯 8A07 |
| 故障分析 | 电源、主板、软件有问题 |
| 维修方法 | ❶ 开机通电查看打印信息，根据打印信息，主程序应该存在问题<br>❷ 升级主程序，可以正常开机，故障排除 |

| 故障现象 | 不能开机 |
|---|---|
| 故障机型 | TCL L32E09　机芯 MS82D |
| 故障分析 | 电源、主板有问题 |
| 维修方法 | ❶ 上电开机，指示灯能够点亮，按面板和遥控器不能开机<br>❷ 检测供电电压 3.3V、5V、24V 正常。检测 1.25V 电压不正常，该电压是由 U806（12V）提供的<br>❸ 检查 U806 后级负载及外围元件没有发现异常，更换 U806 后故障排除 |

| 故障现象 | 不能开机 |
|---|---|
| 故障机型 | TCL LE42D8800　机芯 MSTM182 |
| 故障分析 | 电源、主板有问题 |
| 维修方法 | ❶ 上电开机，发现指示灯不点亮<br>❷ 检测 12V、5V 电源电压也正常<br>❸ 测量主板上各组电压，发现 L102 输出只有 1V（正常值为 1.26V）左右。该电压由 U101 提供，检查 U101 外围没有发现异常元件。更换 U101（AB2RF），故障排除 |

| 故障现象 | 不开机，指示灯也不亮 |
|---|---|
| 故障机型 | 创维 42E70RG　机芯 8M70 |
| 故障分析 | 电源电路有问题，CPU 工作条件不足备，CPU 的外挂储存器有问题（包括 EEPROM、DDR、FLASH），总线的其他负载异常等 |
| 维修方法 | ❶ 测量各电压基本正常，没有发现问题<br>❷ 主板主芯片为 U9（6i48），正常工作时 1、2 脚为高电平，3 ~ 6 脚为低电平。测量时发现 1、2 脚为低电平，说明系统根本不可能执行 Flash 中的程序<br>❸ 用热风枪对 U9 芯片进行加热，红色指示灯点亮。此后，故障依旧。更换 U9 故障依然存在<br>❹ 测量 U44 各引脚电压，异常值较多，怀疑 U9 与 U44 通信有问题。试更换 U44，故障排除 |

| 故障现象 | 不开机 |
|---|---|
| 故障机型 | 创维 37L01HM |
| 维修方法 | ❶ 检查保险管、整流桥、开关管都正常<br>❷ 测量待机 5V 电压在 1.2 ~ 5V 之间摆动，说明该电压有问题<br>❸ 测量 IC608（A6259M）的 2 脚供电电压在 11 ~ 16V（正常值为 14V）之间变化<br>❹ 断电并放掉回路的余电，用对地电阻法对 IC608 进行检查，没有发现大问题<br>❺ 检查 IC608 的 7、8 脚外围尖峰脉冲吸收回路，发现有一个二极管已击穿。更换之，故障排除 |

| 故障现象 | 不开机 |
|---|---|
| 故障机型 | TCL L32E5300D　机芯 MS801 |
| 故障分析 | 电源电路有问题，CPU 工作条件不足备，CPU 的外挂储存器有问题（包括 EEPROM、DDR、FLASH），总线的其他负载异常等 |
| 维修方法 | ❶ 接上升级板看打印信息，显示为 DDR2 有问题<br>❷ 用万用表测量 DDR（U404）和主 IC 之间的排阻对地电阻有无问题，当测量到排阻 RP309 有一个对地电阻值明显偏小。脱焊下 R0309 后，再次测量这个对地电阻，阻值依旧还是偏小，说明 DDR 已经烧坏<br>❸ 更换 DDR，故障排除 |

| 故障现象 | 三无，指示灯也不点亮 |
|---|---|
| 故障机型 | TCL 3211CDS　机芯 MST6M48 |
| 故障分析 | 电源电路有问题，CPU 工作条件不足备，CPU 的外挂储存器有问题（包括 EEPROM、DDR、FLASH），总线的其他负载异常等 |
| 维修方法 | ❶ 测量电源板 5V 电压正常，检查数字板有开机信号，但电源没有 12V、24V 电压。说明电源板有问题<br>❷ 采取电源板强制开机，测量 PFC 电压 395V 正常<br>❸ 12V、24V 电压主要是 IC3（NCP1396AG）控制的，测量其供电电压正常，检查外围元件发现 D19 正反向电阻相接近。脱焊下来 D19 测量，发现已经击穿，更换 D19 后，故障排除 |

| 故障现象 | 三无 |
|---|---|
| 故障机型 | TCL L43E5390A-3D　机芯 MS801 |
| 故障分析 | 电源电路有问题，CPU 工作条件不足备，CPU 的外挂储存器有问题（包括 EEPROM、DDR、FLASH），总线的其他负载异常等 |

续表

| 维修方法 | ❶ 测量电源各输出电压基本正常，测量各 DC/DC 变换电路也基本正常<br>❷ 连接电脑，观看打印信息，打印信息显示 DDR 错误<br>❸ 检查 DDR 基准电压 0.75V 正常，检查 DDR 到主芯片的排阻，发现 RP361 其中一组已经开路（正常值为 22Ω）<br>❹ 更换排阻，故障排除 |
| --- | --- |

## 7.2　二次不能开机故障的维修

### ▶ 7.2.1　二次不能开机故障原因的分析

二次不能开机的现象有：指示灯点亮而不能二次开机；二次开机时，指示灯点亮或闪烁，但不能二次开机；在冷机状态下不能开机等。

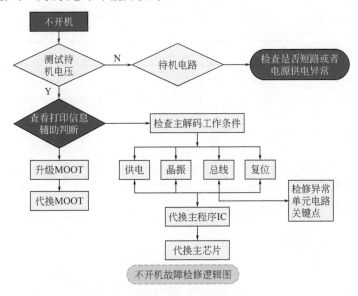

不开机故障检修逻辑图

| 二次不能开机故障原因 | |
| --- | --- |
| 二次开机电路（待机/开机）有问题 | 二次开机电路本身有问题，导致不能执行二次开机。要注意：待机电压比正常值低也会造成二次不开机 |
| 主电源或 PFC 电源有问题 | 在待机控制电路正常的情况下，而主电源或 PFC 电源的输出电压异常（为 0V 或输出电压比正常值低），致使液晶彩电不能够进入开机工作状态 |
| CPU 本身这部分电路损坏 | CPU 本身内部电路有问题，不能输出开机信号或输出不正常信号；或开/待机引脚有虚焊或接触不良现象等 |
| 主板上的其他电压或 CPU 的内核供电异常 | 主板上的 DC/DC 变换电路中的某个稳压器有故障，导致电压没有输出或输出低于正常值。主板上的常见电压有 3.3V、5V，CPU 的内核电压常见有 1V、1.15V、1.26V 等。例如 3.3V 电压低于 3.1V 时，就会极易出现二次不能开机现象 |
| 保护电路动作 | 背光驱动电路异常，导致其输出的状态检测信号送至主板和电源，使主板不能够开机，而处于待机状态 |

| 二次不能开机故障原因 | |
| --- | --- |
| 总线有问题 | 存储器和主芯片之间的总线有问题或通信不畅，就会出现二次不能开机 |
| 按键本身有问题或<br>按键板有漏电现象 | 按键本身损坏、漏电、接触不良等或按键板有漏电现象，也会出现二次不能开机 |
| 软件有问题 | 软件数据丢失或异常，也会出现二次不能开机 |

| 故障判断经验 |
| --- |
| 对于 LED 机型的无光栅无伴音可采取以下方法来判断故障范围<br>若二次开机指示灯闪烁，遥控关机能够回到待机状态下，去掉背光灯驱动电路与背光灯的连接线后，彩电有伴音的，则为液晶屏有故障；如去掉该连接线，仍然没有光栅、无伴音的，则为开关电源有故障 |

## 7.2.2　二次不能开机故障维修案例

| 故障现象 | 有时不能开机 |
| --- | --- |
| 故障机型 | TCL L32F11　机芯 MT23L |
| 维修方法 | ❶ 开机后等待故障现象出现后，测量 P1、2 脚的 12V 供电电压，电压正常，说明不是电源板的故障<br>❷ 测量 U103（AS111-3.3）的输出电压，比正常值低，再测量其输入端电压也只有 3V 左右，不正常<br>❸ U103 的供电来自 DC/DC 转换电路（12V 转 5V）U108（MP1482），试更换 U108 故障依旧。继续检查反馈电阻 R147、R148 正常；检查发现 C172 有漏电现象。更换电容 C172 故障排除<br>故障有关线路如下图所示 |

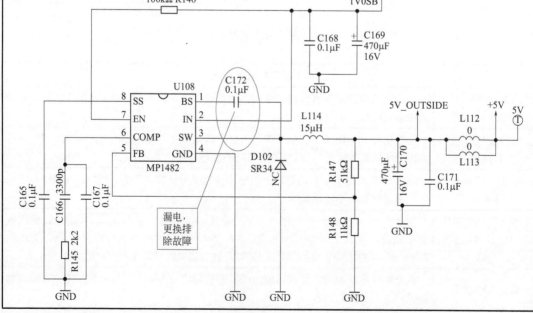

| 故障现象 | 不开机 |
|---|---|
| 故障机型 | TCL L42P11FBDEG　机芯 MS48IS |
| 维修方法 | ❶ 上电开机后发现按键灯亮，初步判断 CPU 已发出开机指令<br>❷ 测量待机电压为 3.3V 正常，开机信号电压 2.3V 正常，24V 供电也正常<br>❸ 测量主板输出背光灯开关脚电压为 0V，测量屏供电电压为 0V，LVDS 电压为 0V。怀疑主芯片没有工作<br>❹ 检测 U1 供电的各 DC/DC 转换稳压电路。测量到 L1709 电感的一端时，发现没有电压，而正常电压应为 5V，说明 5V DC/DC 转换电路有问题<br>❺ 检测发现 Q1703（D13N03L）击穿、U1703（RT8110）损坏，更换上述元件，故障排除<br>故障有关线路如下图所示 |

| 故障现象 | 不开机 |
|---|---|
| 故障机型 | TCL L32F3300B　机芯 MS81L |
| 维修方法 | ❶ 开机后红灯亮，按键遥控都开不了机。测量 P100 插座处的 3.3V 和 12V 正常，说明电源板已工作，故障出在 U102（RT9166-3.3V）、U103（AS1117-2.5V）、U105（AS1117-2.5V）的输出电压，当测量到 U103 时输出电压为 3.9V，明显不正常（正常值为 2.5V），这个电压是供给 DDR 的<br>❷ 更换 U103 后电压正常，故障排除<br>故障有关线路如下图所示 |

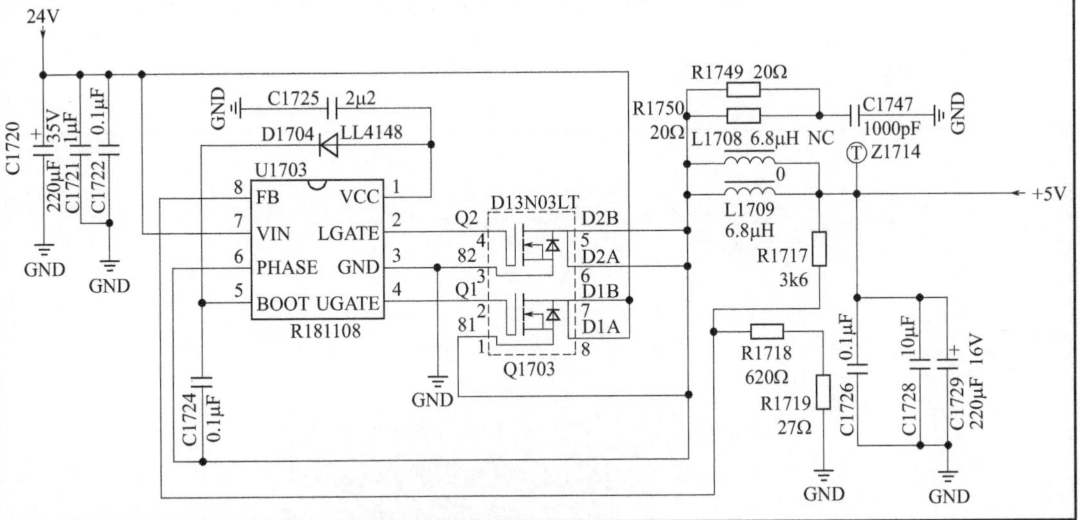

DDR供电
2.5V升高
到3.9V

| 故障现象 | 有时不开机 |
|---|---|
| 故障机型 | TCL LCD42R18L　机芯 MS81L |
| 维修方法 | ❶ 开机检测，红色指示灯有闪烁过程，但黑屏背光亮<br>❷ 测量数字板的 P100 供电插座的 12V 和 3.3V 电压正常，证明故障在数字板。测量 U103-2.5V 稳压器电路正常，其他供电也基本正常<br>❸ 检查时钟、复位电路基本正常<br>❹ 在维修翻板过程中突然开机了。怀疑芯片有接触不良或过孔不良现象。补焊主芯片，故障没有排除<br>❺ 反复按压机板再次开机，证明确实有虚焊现象。最后发现 U502（DDR）的 49 脚为 2.5V 偏高（正常值为 1.25V），A-MWPEF 的电压由 R568/R569 分压取得，细查 R569 的一端虚焊，补焊后故障排除<br>故障有关线路如下图所示 |

| 故障现象 | 不能开机 |
|---|---|
| 故障机型 | TCL LE50D8800　机芯 6A608 |
| 故障分析 | 电源电路、保护电路有问题 |
| 维修方法 | ❶ 检查供电电压时，发现 L1 电压为 0V，但 IC 输入电压 5V 正常，U6 无输出电压。U6（SY8805）是 5V 转 1.2V 给主板供电的<br>❷ 检测 U6 外围元件没有发现异常，更换 U6 后故障排除 |

| 故障现象 | 不开机 |
|---|---|
| 故障机型 | TCL L42D59　机芯 MS6A608 |
| 故障分析 | 电源、主板有问题 |
| 维修方法 | ❶ 上电试机，指示灯由亮转灭，有正常的开机过程。说明待机电路基本正常<br>❷ 测量待机电压 5V 正常，P-ON 电压 3V 正常，12V 输出也正常<br>❸ 测量主板各组输出电压，发现 L1 处无电压输出（正常值为 1.2V）。检测 U6 输入电压为 5V 正常，排查外围元件没有发现异常，更换 U6（SY8805）后故障排除 |

| 故障现象 | 不能开机 |
|---|---|
| 故障机型 | TCL L42D31　机芯 MSJ7 |
| 故障分析 | 电源、主板、背光驱动电路等有问题 |
| 维修方法 | ❶ 试机,指示灯能点亮,但不能开机<br>❷ 测量电源电压,5V、12V、24V 基本正常。测量 PFC 电源电压为 300V(正常值为 380V)异常<br>❸ 测量 IC2、IC3 的供电电压只有 2V(正常值为 12.5V)异常。测量 Q3 的基极为 3.2V(正常开机时为 13V),继续检查发现是 DZ2 反向电阻值减小更换 DZ2,故障排除 |

| 故障现象 | 打开电源开关,指示灯正常点亮后即开始闪烁,且指示灯很暗 |
|---|---|
| 故障机型 | 创维 32L05HR |
| 故障分析 | 开机指示灯正常点亮,说明待机电源输出的 5V 电压是正常的。之后,指示灯开始闪烁且很暗,说明故障可能是电源带载能力差或负载有短路现象 |
| 维修方法 | ❶ 上电开机,测量 5V 电压正常<br>❷ 测量 IC5(STR-A6259)各引脚电压也基本正常<br>❸ 给电源接上假负载,测量 5V 电压,只有 2V 左右,且有摆动不稳现象<br>❹ 测量 IC5 的 5 脚电压为 12V 左右(正常值为 18V)异常,也有摆动的现象<br>❺ 检查 ZD1、ZD2、Q8 没有发现异常<br>❻ 检查光耦 PC7,发现损坏,更换之,故障排除 |
| 小结 | 由于待机电路的光耦出现性能不良而导致了电源的不稳定性,电源各输出电压也就不稳定,指示灯因而也就出现了闪烁现象 |

| 故障现象 | 指示灯点亮但不开机 |
|---|---|
| 故障机型 | TCL L55V7300A　机芯 MT36 |
| 故障分析 | 指示灯亮说明待机电源正常,故障可能是电源板或数字板有问题 |
| 维修方法 | ❶ 测量 3.3V 待机电压是正常的<br>❷ 开机瞬间测量发现 24V 电压瞬间有随即就消失<br>❸ 为了判断故障范围是电源板还是数字板,将电源板 PS-ON 脚与 3.3V 短路,测量 24V 正常,说明故障在数字板<br>❹ 在强制启动电源的情况下,测量数字板有 12V 电压,但是没有 5V 电压。说明故障在 12V 转 5V 的 DC/DC 转换电路。测量 5V 转换电路的对地电阻为 0Ω,将 5V 后级负载脱开,对地电阻依旧<br>❺ 继续检查发现 Q8 已经击穿,更换 Q8 故障依旧,Q8 也再次击穿<br>❻ 检查 U1 外围元件,发现 D2 已经击穿,更换 D2、Q8,故障排除 |

## 7.3　伴音故障的维修

### 7.3.1　伴音故障原因的分析

伴音故障主要现象有:无伴音、伴音声音小、伴音有杂音等。

| 伴音故障原因 | |
|---|---|
| 伴音功放电路有问题 | 伴音功放电路供电不正常，或功放电路本身损坏或外围元件损坏等 |
| 静音控制有问题 | 静音电路起控或静音电路本身损坏，使液晶电视机处于静音状态下 |
| 电子开关电路有问题 | 电子开关切换电路异常，造成不能切换 |
| 音效处理电路有问题 | 功放电路的前级是音效处理电路，该电路异常，将导致后级功放电路无伴音信号或信号不正常 |
| 伴音有关的软件有问题 | 在伴音电路工作电压正常的情况下，升级软件，看故障是否可以排除 |
| 主芯片有问题 | 第二伴音信号的处理及解调一般是在主芯片中的，因此，主芯片或其外围元件有异常，也会造成无伴音或伴音异常 |
| 耳机插孔有漏电或接触不良现象 | 有的液晶彩电设计有耳机插入静音控制功能，即有耳机插入时，后级功放就处于静音状态。当耳机插孔有漏电或接触不良现象，主芯片就误判为有耳机插入而输出静音控制信号 |
| 储存器异常或储存的数据有错误 | 主芯片是否输出音频信号，或输出什么样的格式音频信号均会受到本机的程序控制，在检查伴音功放及主芯片电路正常后，可进入总线进行初始化操作，若仍然无效，则可升级软件，再不行的话就更换用户储存器试试 |

| 功放故障判断经验 |
|---|
| 　无伴音故障一般采用波形法或信号干扰法或耳机监听法进行初步判断故障的范围。干扰法可以采用指针式万用表的红表笔接地，黑表笔去碰触关键点，试听噪声<br>　模拟功放 IC 一般是有散热器的；而数字功放 IC 一般是没有散热器的 |

## ▶ 7.3.2　伴音故障维修案例

| 故障现象 | 无伴音 |
|---|---|
| 故障机型 | TCL L26F11　机芯 MT23L |
| 故障分析 | 无伴音，有图像，故障怀疑在伴音电路的硬件上 |
| 维修方法 | ❶ 测量前置 U601（RC4558）的 2、3 脚输入的音频信号，正常。测量 1、7 脚的音频输出信号也正常<br>❷ 测量功放电路 U602（TPA3113D2）的 12V 供电，7、15、16、27、28 脚电压都是 12V，正常。测量静音控制 1、2 脚为 0.3V（静音状态），正常有伴音时为 3.1V<br>❸ 测量 Q601、Q603 开关机静音控制正常，再测量 Q602D 的 CPU 送过来控制静音电路也正常。说明故障与 U602 本身电路有关，检测外围元件没有发现问题<br>❹ 更换 U602 故障排除 |

| 故障现象 | 无伴音 |
|---|---|
| 故障机型 | TCL L32F11　机芯 MT23L |
| 维修方法 | ❶ 开机图像正常，无伴音。测量 U602（TPA3113）的工作条件，两路 12V 电压正常，而 7 脚无电压<br>❷ 测量 7 脚供电电阻 R625，分析已经开路。7 脚对地电阻只有几十欧，脱焊下电容 C621，发现漏电严重<br>❸ 更换电阻 R625、电容 C621，故障排除<br>故障有关线路如下图所示 |

续表

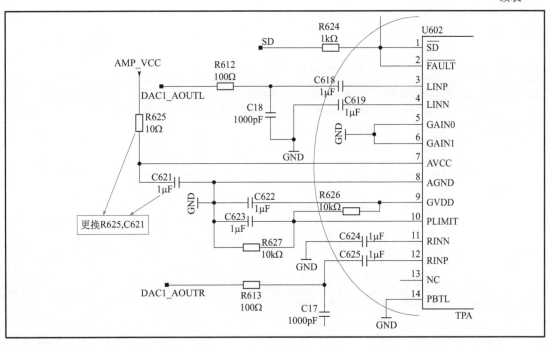

| 故障现象 | 伴音有杂音 |
|---|---|
| 故障机型 | TCL L32F11　机芯 MT23L |
| 故障分析 | 开机后，试机各音频信号都有杂音，说明伴音电路有问题 |
| 维修方法 | ❶ 本机所有伴音都是通过 U3（HEF4052BT）切换的，HEF4052BT 是一个双 4 通道的模拟选择器 / 分配器，它的 3 脚、13 脚输出伴音信号<br>❷ 直接用一个导线跨接在 C351（HEF4052BT 的 3 脚）与 U602（伴音功放）伴音输入端，伴音正常了。就这样一路向前推，发现是主 IC 输出的不要信号不良。<br>❸ 检测主 IC 的工作条件，发现 81 脚电压只有 2V 左右，正常值为 3.3V。继续检查发现是过孔不良，用导线连接，故障排除<br>故障有关线路如下图所示 |

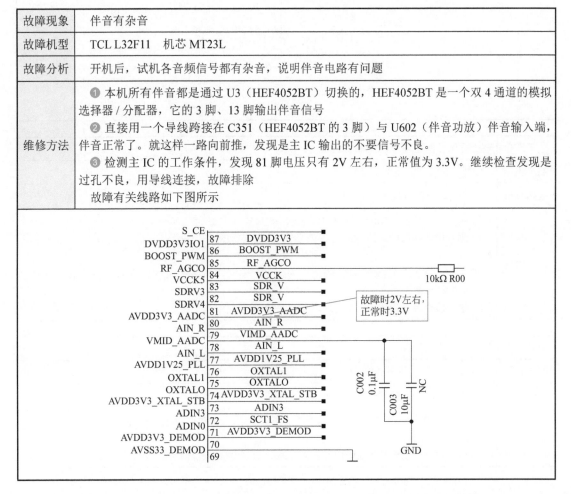

| 故障现象 | 无伴音 |
|---|---|
| 故障机型 | TCL L37E5200BE　机芯 MS48IA |
| 故障分析 | 试机所有音源都没有声音，而且没有开机音乐，本着先软件后硬件的原则复位，升级也还是没有声音。怀疑是功放部分的问题 |
| 维修方法 | ❶ 测量功放供电电压正常，输出端各电压也正常<br>❷ 测量静音电路 Q1600 集电极电压为 3.0V，分析电路为低电平静音。测量 Q1600 基极为高电平<br>❸ 更换 Q1600，测量集电极电压为 3.3V。故障排除<br>故障有关线路如下图所示<br> |

| 故障现象 | 所有信号源无伴音，而图像正常 |
|---|---|
| 故障机型 | TCL L46F2590E　机芯 MS600 |
| 故障分析 | 伴音通道、静音控制有问题 |
| 维修方法 | ❶ 测量伴音功放 U600 的供电电压 3.3V 和 24V 基本正常<br>❷ 测量伴音功放的 4 路数字音频信号输入 MCK、BCK、LRCK、DATA 均有 1.5V 电压，基本正常<br>❸ 测量 U600 的 41 脚静音控制电压为 13V 左右（正常值为 3.3V）异常，说明故障是由静音控制电路异常引起的<br>❹ 进行检查发现电阻 R611 脱焊，补焊后故障排除 |

| 故障现象 | 不定时的无伴音 |
|---|---|
| 故障机型 | TCL L32V10　机芯 MS81L |
| 故障分析 | 伴音通道、静音控制有问题，与元件热稳定性差有关 |
| 维修方法 | ❶ 为了快速判断故障是出在前级还是后级，用热风枪对主板进行加热。当加热到功放静音控制电路时，故障就出现了<br>❷ 检查发现是静音控制 Q601 热稳定性差，更换 Q601 故障排除 |

| 故障现象 | 音量逐渐增加 |
| --- | --- |
| 故障机型 | TCL LED32C520　机芯 MS82C |
| 故障分析 | 数字板、KEY 按键电路有漏电、CPU 等有问题 |
| 维修方法 | ❶ 上电开机，发现音量马上从 00 直线上升到 100 而不受控制，断开按键板故障依旧<br>❷ 测量 KEY 对的电阻正向 600Ω，反向 850Ω 左右，是有问题的。脱焊 C158 对地电容，故障依然存在<br>❸ 更换 U101 芯片，故障排除 |

## 7.4　黑屏、花屏故障的维修

### 7.4.1　黑屏、花屏故障原因的分析

#### ① 黑屏故障原因的分析及判断

引起黑屏问题有多种原因，首先是电源电路不正常引起：表现为按面板按键无任何反应，指示灯不亮。

先检查 5V 电压是否正常。因为 A/D 驱动板的信号处理部分的芯片工作电压都是 5V，所以查找开不了机的故障时，先用万用表测量 5V 电压，如果没有 5V 或 5V 电压变得很低，那么就有两种可能：一是电源电路输入级出现了问题；二是 5V 的负载加重了，把 5V 电压拉得很低，换一种说法就是说，后级的信号处理电路出了问题，有部分电路损坏，引起负载加重，把 5V 电压拉得很低，逐一排查后级出现问题的元件，替换掉出现故障的元件后，5V 能恢复正常，故障一般就此解决。

也经常遇到 5V 电压正常但不能正常开机的，这种情况也有多种原因，一方面是 CPU 的程序被冲掉可能会导致不开机，还有就是 CPU 本身损坏，比如说 MCU 的 I/O 口损坏，使 CPU 扫描不了按键，遇到这种由 CPU 引起的故障，找硬件的问题是没有用的，就算换了 CPU 也解决不了问题，因为 CPU 是需要编程和写码的，在没办法找到原厂的 AD 驱动板替换的情况下，我们只能另寻途径找可以代换的 A/D 驱动板。

第二种情况是电源正常，按面板的按键反应也正常，但屏幕黑屏。

遇到这种故障就要仔细观察，逐一排查。按键能正常起作用就说明 A/D 驱动板的 CPU 还是能正常工作，也就进一步说明主电源部分工作还是正常的，黑屏是由于背光没有点亮，有可能是驱动背光的电路出现了问题，因此首先要开机检查，近屏幕仔细观察，如果看到显示很微暗的图像，就证明 A/D 驱动板的信号处理部分的电路是正常的，问题锁定在驱动背光的高压板及控制高压板开关的功能电路上，高压板常见的故障有高压板本身的保险烧掉引起没有供电电压等，另外就是主板上控制高压板开关部分电路有故障，引起不能输出高电平去控制高压板的开关脚。

还有一种情况会引起黑屏，那就是屏的背光坏了，不过如果是双灯和四灯的屏背光同时坏不太可能，坏了其中一条灯管也会引起黑屏，但是跟前面的黑屏故障表现是有所不同的，

这是由于有些高压板具有负载不平衡保护，如果坏了一条灯管，开机后高压板就进入负载不平衡保护状态，会出现闪烁一下再变成黑屏。

维修黑屏时，首先要观察背光灯是否点亮，背光灯不亮，表明逆变器电路有问题。背光灯点亮出现黑屏故障时，故障部位可能在主板也有可能在逻辑板电路，也可能在屏与主板之间的连接线上。

检修时，用示波器测量主板送出的 LVDS 信号波形，也可以测量上屏插座各脚电压做故障部位的确认。LVDS 信号故障电压一般在 1.2V 左右，测量主板送出的 LVDS 信号工作电压或波形正常，再根据具体的屏型号确认主板数字屏的供电电压是否正常，最后测量主板输出 LVDS 信号的控制电平是否正常，黑屏故障便可确认。如果 LVDS、屏供电、LVDS 控制信号均正常，黑屏的原因应在屏上电路，即屏逻辑处理电路和屏行列控制电路。

### ② 花屏故障原因的分析及判断

| 花屏故障原因的分析及判断 | |
| --- | --- |
| 花屏故障原因 | 故障特点 |
| 面板损坏 | 面板损坏造成的花屏最常见的是由于液晶屏从内部破碎，造成花屏。并且这种花屏一般是由于局部损坏造成，面板未损坏的地方还可以正常显示 |
| 逻辑板有问题 | 逻辑板造成的花屏则一般会在整个屏上都存在，或在屏上有规则地从上到下整个区域都显示不正常。逻辑板故障一般不会造成屏上不规则的花屏现象。逻辑板主要有以下故障会造成花屏：上屏信号输出电路有问题、灰度等级电压形成电路有问题、VGL 和 CGH 电压有问题等 |
| 机芯板故障 | 机芯板故障造成的花屏现象一般也会在整个屏上都存在，但是可能会在某个特定的颜色下表现较轻。最常见的是 DDR 和主芯片通信不好造成的花屏。主板上解码电路、格式变换电路异常也是花屏的主要原因 |
| 逻辑线接触不良 | 与屏连接的逻辑线接触不良或有其他问题也会造成花屏。表现最明显的是早期逻辑板上未加卡扣时的花屏。由于逻辑线松动造成整屏图像都可以正常显示，但是图像中夹杂很多细小的彩点，拔插一下逻辑线就正常了 |
| 软件屏参数有问题 | 软件中上屏信号种类的数据错误或软件数据与所采用的液晶屏不匹配，都会出现花屏 |
| DDR 储存器故障 | 图像解码电路在工作时会产生许多的中间数据，这些中间数据就是存储在 DDR 存储器中的，因此，DDR 存储器有异常，则会丢失许多中间信息，解码或图像缩放处理后所输出的数字信号必然会缺失，这样图像上就会出现马赛克现象等 |

花屏时可以输入不同的信号源，在接入信号或不接入信号情况下，观察花屏故障现象有无变化。如果输入外接信号或开机画面（有字符）不花屏，表明主板送至屏的控制信号是正常的，而且也表明屏电路工作正常，花屏的原因在主板电路中。如果输入任何信号源或开机画面都会出现黑屏现象，故障可能在主板的变频数字处理部分，也可能在屏的连接插排处，如插排有虚焊、插排有接触不良、插排差错或屏上电路有故障。

检修时可首先处理上屏处 LVDS 波形或电压、LVDS 控制信号。如果这些信号波形或电压正常，基本上可以判断故障范围在逻辑电路。

## ▶ 7.4.2 黑屏、花屏故障维修案例

| 故障现象 | 黑屏 |
|---|---|
| 故障机型 | TCL L46P11FBDEG　机芯 MS48IS |
| 故障分析 | 开机有铃声，但没有字符，黑屏。开机有铃声说明程序是正常的，背光灯能够点亮说明屏供电正常，怀疑故障范围在逻辑板供电不对和屏本身损坏 |
| 维修方法 | ❶ 测量逻辑板供电电压，发现没有 12V 供电，LVDS 数据信号电压正常<br>检查逻辑板供电。开机测量 ON-PANEL 有信号发出。逻辑板供电由 Q1503、Q1502、Q1051 等电路组成控制。当 CPU 发出信号时，ON-PANEL 控制 Q1503 截止、Q1502 导通，使 Q1501 处于截止状态，12V 就能够给逻辑板供电<br>❷ 测量发现 Q1502 基极没有供电电压，于是检查 R1506，发现它的一端有电压而另一端没有电压。脱焊下 R1506 发现阻值变大（正常值为 $10k\Omega$），许多为 $105k\Omega$<br>❸ 更换电阻，故障排除<br>故障有关线路如下图所示 |

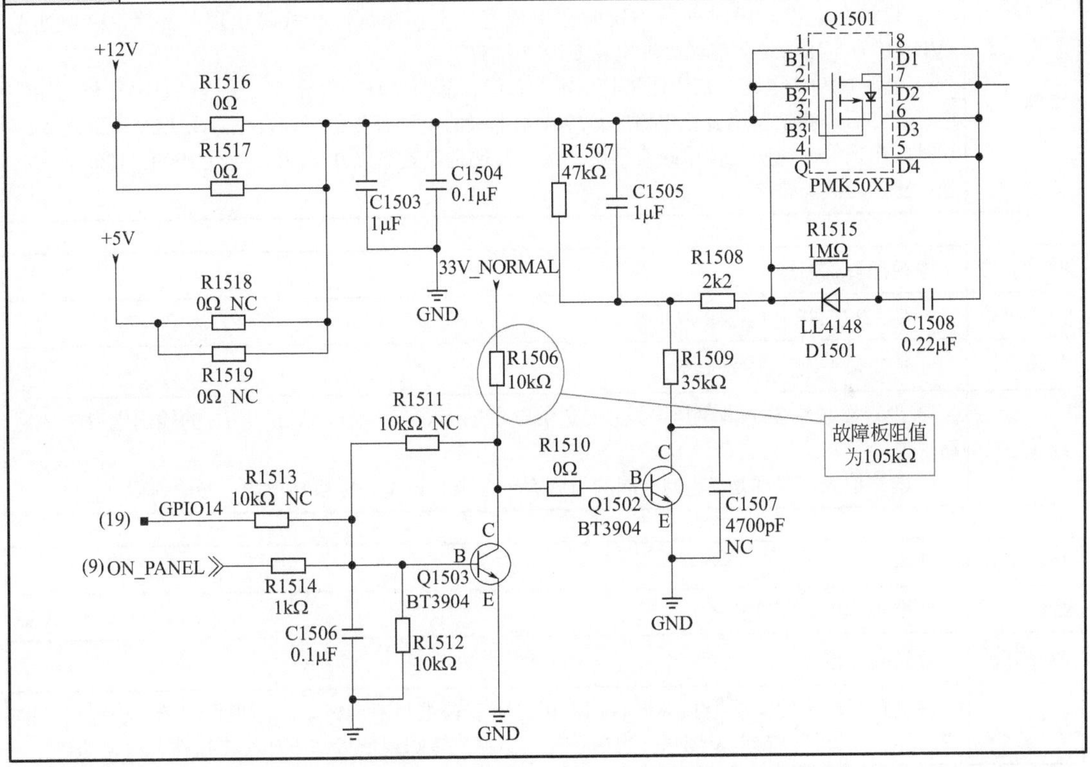

（故障相关电路图）

+12V
R1516 $0\Omega$
R1517 $0\Omega$
+5V
R1518 $0\Omega$ NC
R1519 $0\Omega$ NC
C1503 $1\mu F$
C1504 $0.1\mu F$
R1507 $47k\Omega$
C1505 $1\mu F$
33V_NORMAL
GND
Q1501
B1 1 / D1 8
B2 2 / D2 7
B3 3 / D3 6
4 / D4 5
PMK50XP
R1508 2k2
R1515 $1M\Omega$
LL4148 D1501
C1508 $0.22\mu F$
R1506 $10k\Omega$
R1509 $35k\Omega$
R1511 $10k\Omega$ NC
R1513 $10k\Omega$ NC
(19) GPIO14
(9) ON_PANEL
R1514 $1k\Omega$
C1506 $0.1\mu F$
R1512 $10k\Omega$
Q1503 BT3904
R1510 $0\Omega$
Q1502 BT3904
C1507 4700pF NC
GND
故障板阻值为 $105k\Omega$
GND

| 故障现象 | 背光不亮 |
|---|---|
| 故障机型 | TCL L42F2560　机芯 MS600 |
| 故障分析 | 主板、背光驱动电路、背光灯条有问题 |
| 维修方法 | ❶ 上电试机，按键、遥控二次开机正常，但屏不亮<br>❷ 测量屏供电电压 12V 正常。上屏 LVDS 电压也基本正常<br>❸ 细心观察发现在光线较好的地方，可以隐隐约约看到开机屏保字符，怀疑背光部分有故障<br>❹ 测量背光供电和背光开关电压基本正常。继续拆壳后发现背光条已经全部开焊脱落，重新焊接 LED 发光条，故障排除 |

| 故障现象 | 有时黑屏、有时左侧亮右侧暗 |
|---|---|
| 故障机型 | TCL L43E5390-3D　机芯 MT36 |
| 故障分析 | 故障可能在背光驱动、灯条等电路 |
| 维修方法 | ❶ 试机发现出现上述故障时，伴音一直正常。怀疑背光驱动电路或灯条有问题<br>❷ 测量背光驱动电路的电压，基本正常<br>❸ 无意间发现维修翻动印制板时故障出现频繁，说明有接触不良现象存在<br>❹ 检测背光驱动电路无异常，背光叉子接口也无明显松动现象<br>❺ 用手扒拉灯条供电线，发现瞬间有打火现象出现，再观察原来是背光驱动电路到灯条的一条导线绝缘层有破损与地有短路，对导线做绝缘处理，故障排除 |

| 故障现象 | 热机黑屏 |
|---|---|
| 故障机型 | TCL L55V6200DEG　机芯 MS48IS |
| 故障分析 | 屏、LVDS 电路有热稳定性差的元件 |
| 维修方法 | ❶ 该机在工作一段时间后不定时会出现有声音而黑屏，在故障出现时测量 P2002 处无 LVDS 信号电压，说明倍频处理电路 U1902 没有工作<br>❷ 检查 U1902 电路，初步测量其供电、总线、晶振没有发现异常。于是对 U1902 外围元件进行加热后，测量发现复位电路的 Q1901 集电极的电压有变化现象发生，从 3.2V 下降到 2.2V 后故障出现了，说明复位电路有问题。最后发现是电容 C1901（2.2μF）、C1909（10μF）有问题，更换后故障排除 |

| 故障现象 | 电视搜台就黑屏 |
|---|---|
| 故障机型 | 创维 32L05HR　机芯 8M60 |
| 故障分析 | 怀疑高频头或软件有问题 |
| 维修方法 | ❶ 检查高频头各引脚电压，发现 5V 供电电压为 0V；测量 5V 供电 IC 的输出端有对地短路现象<br>❷ 继续检查，发现是 5V 输出端的引脚有一个电容短路。更换高电容，故障排除 |

| 故障现象 | 黑屏 |
|---|---|
| 故障机型 | 创维 42L05　机芯 8M60 |
| 故障分析 | 背光板问题 |
| 维修方法 | 该机背光板上的变压器损坏率较高，用万用表较难判断出好坏。但根据经验，一般损坏的变压器一开机都会有点焦烟味，用鼻子闻一下哪里有味道就拆卸下哪个变压器，更换即可 |

| 故障现象 | 黑屏 |
|---|---|
| 故障机型 | TCL L32E4500A-3D　机芯 MS801 |
| 故障分析 | 用户反映正常使用时提示要升级就点击确认升级了，但过了一段时间后就黑屏了。说明是软件问题 |
| 维修方法 | ❶ 用 U 盘强制升级无效<br>❷ 用 ISP 工具把 MBOOT 数据读出保存，然后把 MBOOT 清空后再抄写，再用 U 盘强制升级，这次就可以升级，升级后故障排除 |

| 故障现象 | 不定时黑屏，有伴音 |
|---|---|
| 故障机型 | TCL L32C11　机芯 MS82PT |
| 故障分析 | 收看 1h 后，故障出现的概率就高，怀疑元件有热稳定性差的现象。出现黑屏时有伴音，说明故障在背光板以及相关控制电路上 |
| 维修方法 | ❶ 测量背光板 24V 电压正常，测量主板 P801A 的 12 脚（BL-ON/OFF）电压为 4.7V 左右<br>❷ 为了更快地判断出故障元件，用热风枪首先对背光控制电路元件加热，当对背光板开关控制 Q802（BT3904）加热时，故障出现<br>❸ 测量 Q802 集电极为 0V（正常值为 4.7V）。最后，判断 Q802 性能不良，更换后故障排除 |

| 故障现象 | 黑屏 |
|---|---|
| 故障机型 | TCL L32F3320B　机芯 27 |
| 故障分析 | 背光板问题 |
| 维修方法 | ❶ 上电开机，发现背光灯不亮<br>❷ 测量背光供电、DIM、开关均正常<br>❸ 背光板共有 7 路驱动输出，用对比法检查没有发现异常<br>❹ 检查发现 D602 是保护电路的反馈，脱焊下 D602 试机，故障排除 |
| 小结 | 最终没有检查出故障的真正原因，机子老化后，没有发现其他故障 |

| 故障现象 | 竖线花屏 |
|---|---|
| 故障机型 | TCL L42P21FBDE　机芯 MS06S |
| 故障分析 | 问题多在数字板上 |
| 维修方法 | ❶ 仔细观察故障现象，发现故障是在 1h 以后出现的。遥控、按键操作都正常<br>❷ 检查电源各组电压基本正常<br>❸ 测量数字板 MEMC 的 U16 输出电压为 2.7V（正常值为 1V8），其 3 脚输入为 5V（正常值为 3V3）。U16 是由 U15 供电的，测量 U15 输入脚为 7V 左右（正常值为 5V），U15 的 5V 是 U4（RT8110B）提供的，测量 U4 输入电压 24V 正常，其输出 7V 电压是异常的<br>❹ 更换 U4 故障排除 |

| 故障现象 | 灰屏 |
|---|---|
| 故障机型 | TCL L40P11FBDE　机芯 MS06S |
| 故障分析 | 逻辑板问题 |
| 维修方法 | ❶ 开机后背光灯点亮，无字符。测量屏供电电压 2.5V（正常值为 12V）异常<br>❷ 断开上屏线，测量数字板 12V 电压正常，而插上上屏线 12V 又下降到 2.5V 左右。说明故障在逻辑板上<br>❸ 最后检查发现是 CP44 损坏，更换后故障排除 |

| 故障现象 | 开机几分钟后花屏死机 |
|---|---|
| 故障机型 | TCL L32C710KJ　机芯 MS28L |
| 故障分析 | 主板问题 |
| 维修方法 | ❶ 测量主板各供电电压，发现 U107（AS1117-2.5V）输出电压为 1.65V（正常值为 2.5V），并且手摸其温度特别高。说明 U107 稳压器有问题<br>❷ 更换 U107 后故障依旧，测量 U107 输出端对地电阻为 180Ω，说明 U500（MSD61981BTA）BGA 有问题<br>❸ 更换 U500 后，故障排除 |

| 故障现象 | 灰屏有伴音 |
|---|---|
| 故障机型 | TCL L26F11　机芯 MT23L |
| 故障分析 | 屏、LVDS 电路有问题 |
| 维修方法 | ❶ 试机有伴音，背光点亮，但屏无显示<br>❷ 测量屏电压 12V 正常<br>❸ 测量 LVDS 数据线没有电压。测量大集成块 127 脚 1.25V 正常，而 116 脚 3.3V 电压为 0<br>❹ 继续检查，是 116 脚的限流电阻 R052 开路。更换该电阻后，故障排除 |

## 7.5  彩色异常故障维修案例

| 故障现象 | 图像无彩色 |
|---|---|
| 故障机型 | 创维 42E700S　机芯 8R90 |
| 故障分析 | 主板色解码电路、软件有问题 |
| 维修方法 | ❶ 该机是其他维修人员没有维修好送来的。查看电路板是否有缺件，发现电路板背面存在严重缺件，补齐缺失的元件<br>❷ 通电试机，发现有伴音，图像正常但没有彩色<br>❸ 考虑先软后硬的原则，升级主程序，故障排除 |

| 故障现象 | HDTV 信号下图像偏绿色 |
|---|---|
| 故障机型 | 长虹 LT3209P |
| 故障分析 | 接收 TV 信号图像正常，转换到 YPbPr 状态时，图像有偏绿色，说明 HDTV 接收端口 YPbPr 通道有问题。如果 Pb 通道有故障，图像是偏黄的；如果 Pr 通道有故障，就会出现图像偏绿或偏青的现象 |
| 维修方法 | ❶ 用示波器测量电感 L107 两端有波形；测量电容 C1084 两端没有波形<br>❷ 用示波器测量 UA902 的 4 脚有波形。说明 UA902 的 4 脚到电容 C1084 之间电路有问题<br>❸ 继续检查，发现是电阻 R130 断路。更换该电阻后故障排除<br>故障有关线路如下图所示 |

**+5V DPF**

R918
4.7kΩ

C919

UA902
FSAV330M

L107

2

Pr

R120

C907 +

R919
4.7kΩ

C1068

4

8

U105C

25

C904
100nF

R914
75

R130
10

C1084
47nF

| 故障现象 | AV 无彩色 |
|---|---|
| 故障机型 | TCL 32F3200　机芯 MS28 |
| 故障分析 | 主板色解码电路、软件、CPU 等有问题 |
| 维修方法 | ❶ 用 USB 进行测试，彩色图像正常<br>❷ 怀疑软件有问题，随后升级软件，故障依旧<br>❸ 代换晶振，故障没有排除。测量晶振两脚电压和好机子比较，发现有些差异。代换晶振连接的两个电容，彩色正常，故障排除 |

| 故障现象 | 红色屏 |
|---|---|
| 故障机型 | TCL L42F1500-3D　机芯 MS28L |
| 故障分析 | 主板色解码电路、软件、CPU 等有问题 |
| 维修方法 | ❶ 上电试机，开机画面正常，而后屏幕完全变成红色<br>❷ 测量 LVDS 电压都在 1.25V 左右，有些偏高<br>❸ 升级主程序，故障依旧<br>❹ 更换 MSD61981BTA 主芯片，故障仍然存在<br>❺ 最后更换 DDR，故障排除 |

| 故障现象 | 绿色屏 |
|---|---|
| 故障机型 | TCL L42F1590B　机芯 RT49 |
| 故障分析 | 主板色解码电路、软件、CPU 等有问题 |
| 维修方法 | ❶ 上电试机，按菜单出来是没有问题的。接收 TV 信号时图像全是绿色的<br>❷ 升级主程序，故障依旧<br>❸ 试着更换储存器 U502（24C32），故障排除 |

| 故障现象 | AV 状态下无彩色 |
|---|---|
| 故障机型 | TCL L440F11　机芯 MS48 |
| 故障分析 | 主板色解码电路、软件、CPU 等有问题 |
| 维修方法 | ❶ 上电试机，发现两路 AV 都无彩色，但伴音正常<br>❷ 试 TV 信号发现有彩色，但彩色有些不正常就好像是 CRT 彩电的磁化现象一样<br>❸ 升级主程序，故障依旧<br>❹ 试代换晶振 X（24MHz），故障排除 |

## 7.6　图像类故障的维修

### 7.6.1　图像类原因的分析

无图像、无伴音主要原因有两个方面：一是高频头故障；二是中频处理电路故障。
若高频头采用的是中放一体化的，就可直接更换。

图表详解**液晶电视机维修实战**

若高频头采用的是独立式的,可用以下方法判定是高频头故障还是中频处理部分故障。其方法是:若进行自动搜索,屏幕上能有各频道图像瞬间闪过。节目号不翻转,说明高频头工作正常,在 CPU 或存储器软件有故障;若自动搜索时只有部分频道图像瞬间闪过,则说明高频头 33V 电路有问题;若自动搜索一直无图像闪过,故障可能在高频头及中放测量电路。此时用干扰法去碰触高频头的 IF 输出端,若屏幕上无干扰噪波点,则说明故障在中放电路;若屏幕有噪波点,则说明故障在高频头。

| 故障判断经验 |
| --- |
| 在检修"有光栅、有伴音、无图像、无字符的故障现象"时,为了快速判断出故障范围,可观察光栅的亮暗情况,若光栅暗,故障一般在逻辑电路或其他供电电源没有加上;若光栅较亮或正常,灰白色,一般故障在信号处理电路<br><br>拓展:刚开机有字符,过一会没有字符了,是因为上屏电压降低了 |

## ▶ 7.6.2 图像类故障维修案例

| 故障现象 | 图像有拉丝现象 |
| --- | --- |
| 故障机型 | 创维 46L98SW　机芯 8G20 |
| 故障分析 | 其故障范围主要在视频数字处理相关电路(包括视频数字处理、CPU、DDR、FLASH 等电路),还要考虑短路是否存在数字干扰(电源不良等) |
| 维修方法 | ❶ 根据故障现象发现,有可能是 CPU、DDR 等元件有虚焊所致。试将上述元件进行补焊,故障依旧<br>❷ 怀疑 DDR 损坏,试将其拆卸下来(正常的板子在未安装 DDR 的情况下也能正常显示),故障还是存在<br>❸ 怀疑主芯片(1028BR)可能损坏,试更换之,故障排除 |

| 故障现象 | TV 状态下无图像 |
| --- | --- |
| 故障机型 | TCL L32M9B　机芯 MS19C |
| 故障分析 | AV 输入状态下一切正常,说明故障在 TV 有关电路 |
| 维修方法 | ❶ 本着先软件后硬件的原则,尝试软件升级,无效<br>❷ 测量高频头的 5V 供电、SDA/SCL 引脚也为 5V 基本正常<br>❸ 在自动搜台状态下,高频头的 BT 引脚一直是 33V 不变化,正常机应该从 13 ～ 30V 左右变化。怀疑高频头有问题,更换高频头故障依旧<br>❹ 怀疑总线控制电路有问题,CPU 虽然发出搜索指令,但高频头未执行。高频头的总线 SDA/SCL 是通过 Q106/Q107 后挂在主芯片 U201 的数据线上。Q106/Q107 由 R151 和 R153 对 5V-IF 电压分压控制。测量 Q106/Q107 的 G 极电压为 0V。继续检查发现 C145 已短路,更换电容,故障排除。<br>❺ 在液晶彩电正常的情况下,再次测量 SDA/SCL 电压实际为 4.9V,供电电压为 5V |

| 故障现象 | 无图像 |
| --- | --- |
| 故障机型 | TCL L48F3390S-3D　机芯 MS801 |

**170**

续表

| 故障分析 | 数字板、屏本身、逻辑板都可能造成这种现象 |
|---|---|
| 维修方法 | ❶ 上电开机，背光灯可以点亮<br>❷ 测量数字板到逻辑板上的 12V 电压正常，LVDS 信号也正常，逻辑板上的保险管正常<br>❸ 逻辑板上的 VDD 数字 IC 电压 3.3V、模拟电压（VAA）一般为 15～17V、门极驱动电压（VGH）一般为 -5～-7V，这些电压都没有，怀疑逻辑板损坏<br>❹ 更换逻辑板上的 ICD1（RT6905），故障排除 |

| 故障现象 | TV 状态下搜台不存台 |
|---|---|
| 故障机型 | TCL L42P21FBD　机芯 MS28 |
| 故障分析 | 高频头、CPU、储存器等可能有问题 |
| 维修方法 | ❶ 上电开机，检查自动搜索，有电视信号但一扫而过，台号不增加，明显不存台<br>❷ 测量高频头各引脚电压，发现 SDA 引脚电压偏低许多（正常值为 3.3V），断开 R239 后，该电压仍然低。说明主 IC 的 SDA 电压低<br>❸ 造成 SDA 电压偏低的原因可能有：PCB 有漏电现象、SDA 上拉电阻变大、主 IC 损坏。最后判断为主 IC 芯片损坏，更换后故障排除 |

| 故障现象 | 不定时出现有伴音无图像 |
|---|---|
| 故障机型 | TCL L32F19　机芯 MS19LR |
| 故障分析 | 数字板可能有问题 |
| 维修方法 | ❶ 试机发现出现该故障时，背光灯不点亮。测量背光板上 BL-ON 信号电压为 0V，24V 供电电压正常。故障判断在数字板<br>❷ U8（MST9U19A）的 154 脚为背光开启信号 ON-PBACK 功能，测量该脚电压为 0V，该脚通过电阻 R15 连接到 Q2 的基极<br>❸ 测量 Q2 基极电压较低，集电极电压为 3.9V 左右。集电极是经过两个过孔到电阻 R12 的，这段电路电压就下跌了 0.5V 电压，关机测量 R12 到 Q2 集电极的电阻，发现其阻值为 520kΩ 左右且不稳定。采用飞线将该两点之间连接，故障排除 |

# 第8章

# 液晶电视的组装

## 8.1 组装的目的

### ① 自己使用

对于单纯改装后自己使用的，也可以省掉外壳，只需要购买电路套件即可，但还要看一下原外壳是否适合安装万能板和电源。

### ② 组装产品电视出售

如果是想组装成品液晶彩电出售，那就需要购买一套全系列套件，除了备有液晶屏外，还要有外壳（最最主要的）、遥控器、接收头、万能板、固定螺钉等。

### ③ 外壳配置的选择

外壳的大小取决于液晶屏尺寸，17in一般用的是4∶3方屏，19in以上常见为16∶10宽屏。如果组装的目的是销售，外壳还是要选择边框有颜色的好。小尺寸液晶屏的要选择宽边框的外壳，扬声器装在面板。外壳现在也有"万能壳"的，内部的塑料柱位置预留了多种电路板安装孔的位置。

## 8.2　实战 20——具体组装的步骤

### 8.2.1　网上购买套件

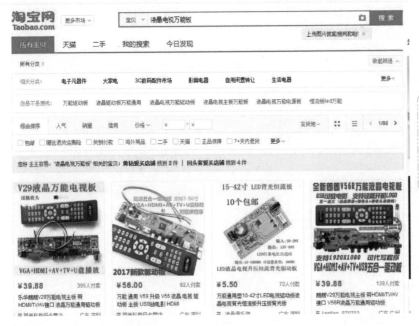

> 上网搜索一下"液晶电视万能板",根据自己的需要,选购商家。可以多预选几个商家,咨询后做比较,然后决定购买哪个商家的套件。

### 8.2.2　识别液晶屏

识别液晶屏这一步最重要的。因为商家是根据液晶屏来配上屏线、驱动程序等。

#### 1 屏号的识别

| 不会识别屏号怎么办 |
| --- |
| ⚠ 当不会识别屏号时,可以与供应商沟通,一般供应商会要求拍下屏后边的资料,与你解释一切 |

## ② 如何知道自己的屏电压

打开百度——
输入自己的屏
型号——查看屏
库——面板电压
及屏电压。

LM190E08屏参

## ▶ 8.2.3 背光驱动板的配用

### ① 用原板

配用原装的背光驱动电路。如果原装的背光驱动电路是良好的，就用原板。

### ② 商家装配的通用型背光驱动电路

一种情况是根据液晶屏的特点，自己购买配置。另一种情况是让购买万能主板的商家一起配用。

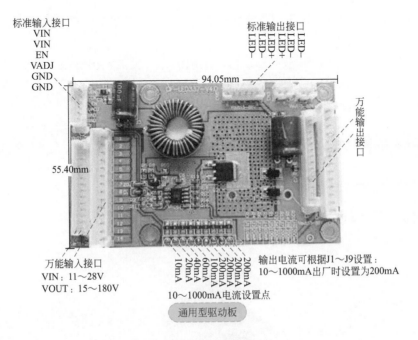

标准输入接口
VIN
VIN
EN
VADJ
GND
GND

标准输出接口
LED-
LED-
LED+
LED+
LED-
LED-

94.05mm

万能输出接口

55.40mm

万能输入接口
VIN：11～28V
VOUT：15～180V

10mA
40mA 20mA
60mA
100mA
200mA 200mA 200mA
200mA

输出电流可根据J1～J9设置：
10～1000mA出厂时设置为200mA

10～1000mA电流设置点

通用型驱动板

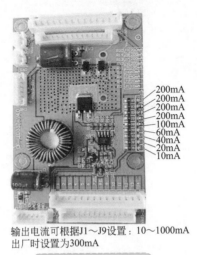

200mA
200mA
200mA
200mA
100mA
60mA
40mA
20mA
10mA

输出电流可根据J1～J9设置：10～1000mA
出厂时设置为300mA

通用型驱动板电流的调节

## 8.2.4 电源板的选择

电源板选用的主要原则有功率和输出电压。

### ① 用原板

配用原液晶屏原装的电源板。如果原装的电源电路是良好的，就用原板。原板一般能够满足新万能主板的要求。

### ② 商家通用型万能电源板

一种情况是自己根据背光驱动及整机要求的特点，自己购买配置。另一种情况是让购买万能主板的商家一起配用。

一般情况下，组装大屏幕液晶彩电时，选用的电源板的输出电压应该有：24V、12V及5V。24V电压的功率应该能够满足背光驱动电路或背光驱动＋功放电路；12V的功率一般应不小于3A；5V的功率一般应不小于3A。

## 8.2.5 万能主板的选用

万能主板网上的型号较多，在选用时应注意以下几点。

### ① 标清板和高清板

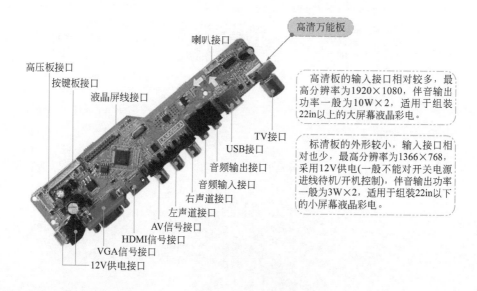

### ② 万能板的升级方式

目前，万能板的升级方式主要有：电脑＋编程器、U盘升级和免升级三种。

电脑＋编程器升级方式，相对有些麻烦，需要用到电脑和编程器，同时需要掌握电脑的一些基本操作知识。U盘升级非常方便，但对操作方法有一定的要求。免升级只需在主板上拨动微动开关来选择分辨率和LVDS数据类型就可以了，但适应液晶屏有限。因此，U盘升级应用最为广泛。

## 8.2.6 万能板的连接

**①** 各单元电路的整体布局

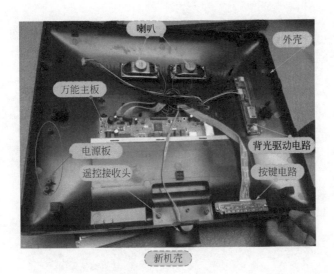

喇叭

外壳

万能主板

背光驱动电路

电源板

遥控接收头

按键电路

新机壳

**②** 电源供电的连接

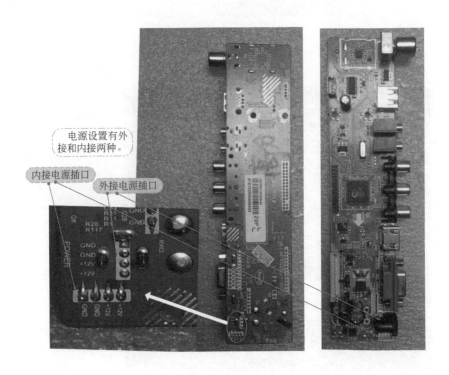

电源设置有外接和内接两种。

内接电源插口

外接电源插口

**③ 上屏电压的设置**

屏电压跳帽

12V　5V 3.3V

各种上屏电压跳线帽跳线方法

上屏电压跳线帽

要根据本屏的上屏电压来设置主板的上屏电压跳线帽。

上屏电压5V的，误设置为12V时造成屏损坏的故障。

**④ 遥控器接收头的连接**

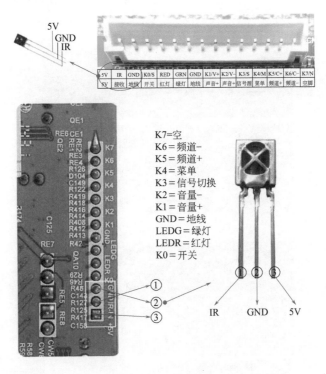

| 5V | IR | GND | K0/S | RED | GRN | GND | K1/V+ | K2/V- | K3/S | K4/M | K5/C+ | K6/C- | K7/N |
|----|----|----|----|----|----|----|----|----|----|----|----|----|----|
| 5V | 接收 | 地线 | 开关 | 红灯 | 绿灯 | 地线 | 声音+ | 声音- | 信号源 | 菜单 | 频道+ | 频道- | 空脚 |

K7＝空
K6＝频道-
K5＝频道+
K4＝菜单
K3＝信号切换
K2＝音量-
K1＝音量+
GND＝地线
LEDG＝绿灯
LEDR＝红灯
K0＝开关

IR　GND　5V

**⑤ 按键面板的连接**

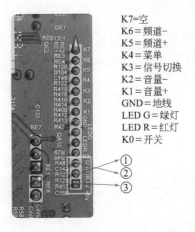

K7＝空
K6＝频道-
K5＝频道+
K4＝菜单
K3＝信号切换
K2＝音量-
K1＝音量+
GND＝地线
LED G＝绿灯
LED R＝红灯
K0＝开关

**⑥ 高压供电的连接**

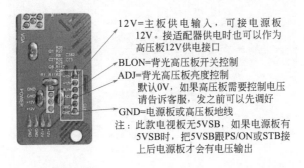

12V＝主板供电输入，可接电源板12V。接适配器供电时也可以作为高压板12V供电接口
BLON＝背光高压板开关控制
ADJ＝背光高压板亮度控制
　默认0V，如果高压板需要控制电压请告诉客服，发之前可以先调好
GND＝电源板或高压板地线
注：此款电视板无5VSB，如果电源板有5VSB时，把5VSB跟PS/ON或STB接上后电源板才会有电压输出

⑦ 上屏线的连接

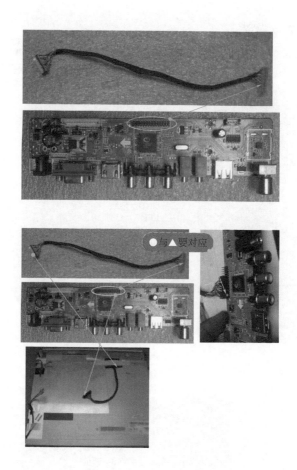

⑧ 背光驱动板的连接

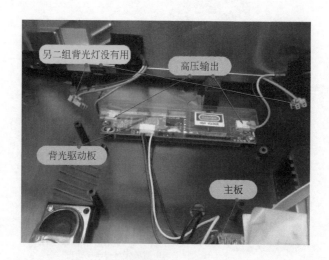

### ⑨ 扬声器的连接

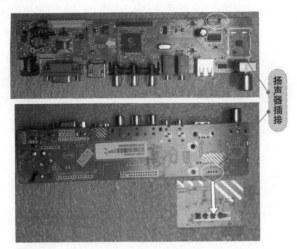

扬声器插排

## ▶8.2.7　主板写程序

程序的来源方式基本有以下三种。

### ① 主板商家可以代写

在购买万能主板时，让商家直接给主板代写好程序。

### ② 让商家提供程序

商家给提供主板程序，直接烧录。

### ③ 自己网上搜索下载

对于熟练电脑操作的人员，也可以网上搜索下载，然后自己烧录。

烧录程序的方法如下。

1.在电脑中找到升级数据的文件

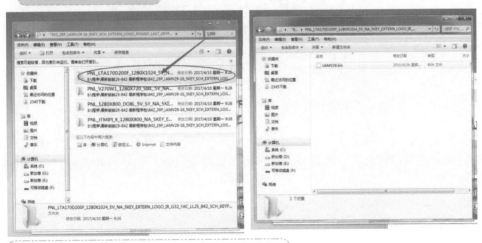

在电脑中找到升级数据的文件夹，打开文件夹，就可以看到升级文件。升级文件后缀名为".bin"，即二进制数据格式文件。

2.复制升级数据

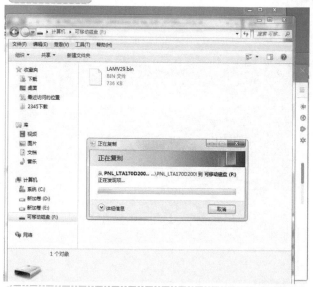

电脑上插入U盘，将升级数据文件 ".bin" 复制到U盘的根目录下。
注意：不要复制文件夹；复制时不能将升级文件放到某文件包中，也不能更改该文件的名称；U盘中不要有其他文件夹的存在；复制完成后拔下U盘。

3.烧录程序

将装有升级数据的U盘插到万能主板的USB接口中，不接入上屏线，然后接通电源，电源指示灯点亮，随后红、绿指示灯交替闪烁(因主板不同，指示灯的点亮方式可能不同)，即系统进入升级状态。数十秒后指示灯停止闪烁，则表明升级过程已结束。

　　升级完成后，即可插上上屏线和其余的连接线。随后，开机观察菜单及图像是否正常。若一切正常，最后进行总装。若有异常，一般是数据有问题，也可以按常规进行维修或再次咨询商家。

# 第**9**章

# 液晶电视综合维修技术及案例

## 9.1 液晶彩电的升级

### ▶ 9.1.1 简说液晶彩电的升级原因

液晶彩电中 CPU 的操作系统一般存储在自己的 ROM 空间或外挂 flash 中，进行在线 ISP（表示在线写 CPU 程序），常称为写程或者升级。

液晶彩电升级就是 PC 主机通过专用的接口电路将 bin 或 hex 格式的数据在线写入到电视机的 ROM 空间或 FLASH 中，接口电路就是负责建立 PC 与电视机 CPU 之间的硬件连接关系，即我们所说的升级或者写程工装。

| 为什么要升级 | |
|---|---|
| 更换 CPU 或 FLASH 后需要在线写新的程序 | 主板 CPU 或者 FLASH 损坏后，在公司或外部购买的 CPU、FLASH 都是空白的，所以当更换 CPU、FLASH 后需要在线写新的程序进去 |
| 设计缺陷 | 电视机程序在设计之时不能完全预见以后的使用环境，比如某些非标信号下出现无伴音、无彩色、出现干扰白边等<br>某些硬件参数设计时考虑不周而引起的故障，这时可通过软件升级对有关硬件状态进行调整，以减轻故障或消除故障 |

续表

| 为什么要升级 | |
| --- | --- |
| 增减某些特殊功能 | 有时应大客户要求在不改变硬件电路的情况下增减某些特殊功能，比如酒店或者专业场所需要专用开机 LOGO，或者隐藏搜索菜单，或者显示酒店电话等，此时就需要进行升级来达到使用要求 |
| 更换主板或液晶屏 | 维修液晶电视时经常要代换主板或液晶屏，而主板针对的屏不同除了上屏电压和逆变器控制方式不同，FLASH 程序也不同，经过硬件电压修改后往往还要升级成配套的程序。 |
| 软件本身有故障 | 若软件数据丢失或本身发生错误，这时就需要进行软件升级，以排除故障 |

升级有哪些方法？

通常有三种，一是通过相应的升级平台和工装将数据在线写入 FLASH；二是将 FLASH 拆下来，直接用编程器烧录进去；三是用 USB 进行升级。

除了 USB 进行升级外，其他升级需要一些什么东西？具有 Windows 操作系统的电脑（主机最好同时带有 25 针并口、9 针串口和 USB 接口）、升级工装或者编程器、连接数据线、升级平台软件和升级数据文件。

在线升级为什么需要接口工装？因为计算机的控制端口输出信号与电视机能够接收的信号幅度和格式有所不同（电视机本身带有 RS232 接口的除外），要进行信号幅度与格式的匹配，必须使用一个转接装置，通常称为升级工装。

电脑和电视通过什么方式连接通信？计算机到升级工装的连接一般使用 RS232 口（也称 COM 口或者九针串口）或打印口（也称 LPT 口，25 针并口），升级工装到电视机一般使 VGA 口，升级工装电源一般直接从 USB 口取得。

由于篇幅的原因，下面只对 U 盘升级做介绍。

## ▶ 9.1.2  实战 21——液晶电视的升级

下面以三星液晶电视的升级为例。

### ① U 盘升级

| 准备好 U 盘 |
| --- |
| 从 Samsung.com/** 【三星官网】下载升级文件到 PC（电脑）中。升级文件的名称如下，前 5 个字符代表的是升级文件的版本号，所以它们之间是不同的<br>例如：T-MST12****.exe；T-NVT6****.exe；T-NVTF****.exe；T-FXP****.exe |
| 将 U 盘设备通过 PC 的 U 盘接口连接到 PC 上，将下载好的升级文件复制到 U 盘上（也可以 1、2 项合并，直接下载到 U 盘） |
| 可参照如下步骤提取升级文件并建立升级文件夹<br>建立一个与该文件相同的文件夹存储于根目录下（这一提取过程可能会在 PC 中产生不同的应用程序）<br>❶ 双击文件夹进入文件并选择运行目标程序<br>❷ 保存已经执行的文件到 U 盘中，确保 U 盘中有一个名字为"T-MST12***"的文件夹在根目录中<br>❸ 安全地断开 U 盘，点击任务栏中的"安全删除" |

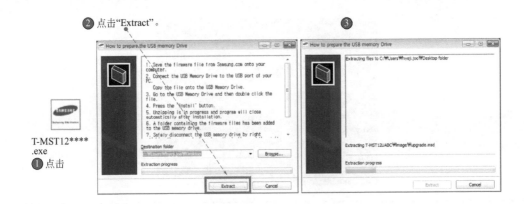

② 点击"Extract"。

③

T-MST12****
.exe
❶ 点击

USB DRIVER (G:)

T-MST12AKUC

image

| 通过 U 盘升级 |
| --- |
| 将存有升级文件的 U 盘通过 USB 接口连接到电视机上 |
| 打开电视机等待 1 ～ 2min |
| 按 MENU 键选择"支持""软件更新",然后"立即更新" |
| 信息会提示:是否想要搜索 USB 存储设备中的升级文件,选择确定 |
| 如果电视找到了有效的升级文件,它会显示"软件升级"信息。选择确定,然后电视会开始升级 |
| 选择 Yes,电视开始升级。当程序设计成功后,电视会自动关闭,然后再自动开机 |

① 支持

② 软件更新

③ 立即更新

是否想要搜索USB存储设备中的升
级文件?

确定　　取消

| 注意事项 |
| --- |
| 在升级的时候，不要拔掉 U 盘；不要拔掉电视电源线；不要关闭电视。如下图所示 |
| ⚠ 升级时拔掉 U 盘或拔掉电源线会造成软件升级失败，甚至电视机主板损坏 |

② 在线进行软件升级

❶ 打开电视，确认电视已经连接到网络并且已经通过了网络连接状态的测试。

❷ 按MENU键选择"支持""软件更新"，然后"立即更新"。

③ 信息显示"正在连接到网络服务器……"

④ 如果电视从服务器上找到更高的升级版本，电视会询问是否升级到最高版本，选择确定。

⑤ 电视会开始下载，当程序升级成功后，电视会自动关闭，然后再自动开机。

## 9.2 实战 22——LED 灯条的维修

以下是以 TCL-L55E5390A-3D 为例说明的。

### ① 判断方法

当无背光时测量LED1+/LED2+开机瞬间电压有没有升高(该点电压尺寸越大相对电压越高，55in电压在150V左右)，再测量LED1-/LED2-/LED3-/LED4-瞬间是否有电压升高，正常情况下这几个点电压是一样的，如有一脚电压不一致可以判断那一路LED灯条内部开路。

LED2+
LED4-
LED3-
LED2-
LED1-
LED1+

## ② 拆机方法

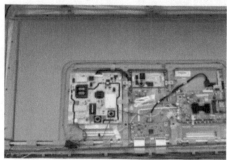

后盖拿起就可以看到LED灯条

用内六角拆开四边螺钉，注意要先把地下PCB板(地质板)卡扣拆开防止拿起后壳时不小心拉到。

## ③ 故障原因及排除方法

### ❶ 插座脱落或接触不良

1.故障原因：插座脱落或接触不良

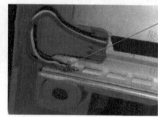

排除方法：由于焊点铜皮已被撞起，插座重新焊接就不牢固，直接剪断插座焊接在灯条上。注意排线预留长度要充足，否则重装后可能会再次压脱落。

### ❷ 供电正极烧毁开路

2.故障原因：供电正极烧毁开路

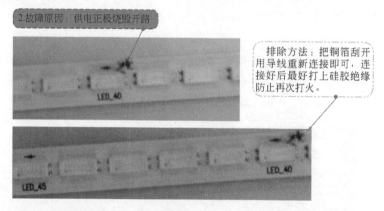

排除方法：把铜箔刮开用导线重新连接即可，连接好后最好打上硅胶绝缘防止再次打火。

### ❸ 打火引起烧坏 LED 灯开路

3.故障原因：打火引起烧坏LED灯开路

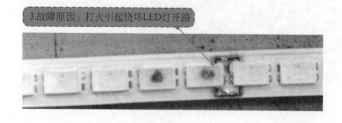

① 如果是灯条损坏的话就要拆下灯条维修了，用刀片慢慢往下划开，不可用蛮力掰开，否则灯条严重变形，就无法重装回去了。若灯条损坏严重，可以更换这个灯条。

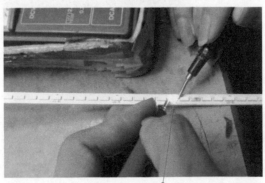

② 可用万用表电阻10k挡逐个测量二极管是否发光，不发光则是二极管已损坏。

③ 用热风枪在底部加热把损坏的二极管取掉。不可在正面加热否则二极管会烧煳。

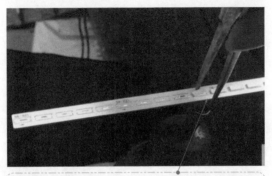

④ 焊接LED时也同样采取在底部加热方法，LED对位好后热风枪加热底部到锡融化即可。需要注意LED的正负极性不可以贴反。

❺更换好LED后最好把打火的地方用刀片刮干净,再打上一点硅脂绝缘。

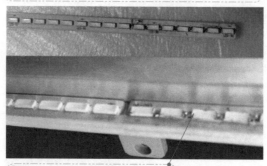

❻晾干后贴上双面胶装回散热板上。

## 9.3 实战23——液晶屏电路易损元器件的检查

### ① 液晶屏的供电电路

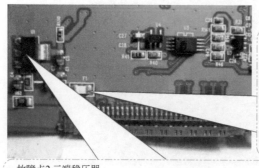

**故障点1 液晶屏供电保险**
当输入电压过高会把液晶屏上的保险管烧坏,但如果后级电路中出现短路现象也会烧坏保险管。当维修时发现保险管烧坏,一定要先检查后级电路是否有短路现象存在,先排除短路现象;再检查驱动板带液晶屏的输入电压是否正常。常见的15in屏一般是3.3V供电,17in、19in等屏一般是5V供电。
屏保险管损坏后的故障现象是白屏。

**故障点2 三端稳压器**
三端稳压器一般采用的是LM1117,常见规格一般有3.3V和1.8V两种型号。该三端稳压器由于长时间工作,散热不好的话烧毁率较高。

### ② 液晶屏接口芯片(屏主芯片)

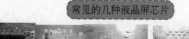

常见的几种液晶屏芯片

液晶屏接口芯片故障率较高,该芯片损坏后一般会造成图像模糊、花屏、彩色条纹等现象。

### ③ 液晶屏升压电路

升压电路中易损元件之一的升压电感。

升压芯片：升压芯片损坏的概率在屏的维修中远远大于主芯片的损坏，该芯片损坏后造成的故障现象是白屏或开机一会屏逐渐变白等。常见的型号有：AAT1164、AAT1168、FP5138、AP1380、1790EUA、AAT1118等。

升压电路中升压管的损坏会造成屏不供电、短路等现象。

# 9.4  实战24——常用 LVDS 上屏线及更换要点

## ① 常用 LVDS 上屏线引脚定义

| 常用 LVDS 上屏线引脚定义 | | | | | |
|:---:|:---:|:---:|:---:|:---:|:---:|
| 引脚 | 20 针单 6 | 30 针单 6 | 20 针双 6 | 30 针双 6 | 20 针单 8 | 30 针双 8 |
| 1 | 电源 | 空 | 电源 | 电源 | 电源 | 电源 |
| 2 | 电源 | 电源 | 电源 | 电源 | 电源 | 电源 |
| 3 | 地 | 电源 | 地 | 地 | 地 | 电源 |
| 4 | 地 | 空 | 地 | 地 | 地 | 空 |
| 5 | R0- | 空 | R0- | R0- | R0- | 空 |
| 6 | R0+ | 空 | R0+ | R0+ | R0+ | 空 |
| 7 | 地 | 空 | R1- | 地 | 地 | 地 |
| 8 | R1- | R0- | R1+ | R1- | R1- | R0- |
| 9 | R1+ | R0+ | R2- | R1+ | R1+ | R0+ |
| 10 | 地 | 地 | R2+ | 地 | 地 | R1- |
| 11 | R2- | R1- | CLK- | R2- | R2- | R1+ |
| 12 | R2+ | R1+ | CLK+ | R2+ | R2+ | R2- |
| 13 | 地 | 地 | RO0- | 地 | 地 | R2+ |
| 14 | CLK- | R2- | RO0+ | CLK- | CLK- | 地 |
| 15 | CLK+ | R2+ | RO1- | CLK+ | CLK+ | CLK- |
| 16 | 空 | 地 | RO1+ | 地 | R3- | CLK+ |

| 常用 LVDS 上屏线引脚定义 | | | | | | |
|---|---|---|---|---|---|---|
| 引脚 | 20 针单 6 | 30 针单 6 | 20 针双 6 | 30 针双 6 | 20 针单 8 | 30 针双 8 |
| 17 | 空 | CLK− | RO1− | CLK− | R3+ | 地 |
| 18 | 空 | CLK+ | RO1+ | CLK+ | 空 | R3− |
| 19 | 空 | 地 | CLK1− | 地 | 空 | R3+ |
| 20 | 空 | 空 | CLK1+ | 空 | 空 | RB0− |
| 21 | — | 空 | — | 空 | — | RB0+ |
| 22 | — | 空 | — | 空 | — | RB1− |
| 23 | — | 空 | — | 空 | — | RB1+ |
| 24 | — | 空 | — | 空 | — | 地 |
| 25 | — | 空 | — | 空 | — | RB2− |
| 26 | — | 空 | — | 空 | — | RB2+ |
| 27 | — | 空 | — | 空 | — | CLK2− |
| 28 | — | 空 | — | 空 | — | CLK2+ |
| 29 | — | 空 | — | 空 | — | RB3− |
| 30 | — | 空 | — | 空 | — | RB3+ |

② **上屏线更换要点**

一是新上屏线插头与逻辑板的接口要一致，即新上屏线要能够顺利地插入逻辑板的接口中；二是供电线与地线的位置与原上屏线要一致，不能够有任何差错。在满足以上两点的情况下，就可以上电试机。

## 9.5 实战 25——工厂维修模式的进入与调整

液晶电视机的维修模式又称为软件调整法。

液晶彩电中的 $I^2C$ 总线，是专门用于传输软件控制数据的线路，其传输的数据信号——软件数据码，称为总线数据。总线数据是由具有不同控制功能的多种项目数据组成，总线调整就是把存储器中总线的项目数据调出来进行修改或恢复，然后再存储。其目的是通过调整总线项目数据的大小，来控制电视机的各种功能，如色度、亮度、对比度、音量等，使各项指标达到最佳状态。因此，调整总线数据，实质就是维修液晶彩电的软件故障。

存储器是一款软件系统，当软件出现故障时，只有通过 $I^2C$ 总线来进行调整。有下列情况之一，就必须通过 $I^2C$ 总线对彩电进行调整。

• 彩电在使用过程中出现异常现象，但经检查元器件正常、$I^2C$ 总线电压正常，则需要检查或进行相应软件调整。一般是由于总线数据发生错误，这时需要对发生错误的项目数据进行调整，调到正确值。

• 在更换某些主要元器件后需要对控制该元件的总线数据进行相应调整，如更换存储器、高频头等元器件后，这时需要对总线数据做适量调整，以使电视机工作于正常状态。

· 因彩电使用日久及元器件老化、性能发生变化而引起电视机某些性能变差，影响正常收看，就需要对相关电路进行调整。这时需要调整总线数据，以适应元器件当前特性的需要等。

对 I²C 总线彩电进行调整，检查 CPU 对 I²C 总线挂接集成电路的自检情况，或更换存储器后对存储器数据进行写入时，都需要使彩电进入维修状态实施调整。维修状态，有些公司也称调整状态、行业模式、市场模式、维修模式或工厂模式等。

I²C 总线的调整，大部分不需要仪器，一般采用遥控器，根据数据表提供的数据进行适量调整即可，但有些项目则需要一些仪器。

总线调整方法主要包括进入、退出维修状态的操作方法及总线调整的操作方法。

进入维修状态的几种方法：进入维修状态，就是使电视机由正常收看状态转入维修状态的总线调整状态，常有如下几种方法。

· 输入密码法　密码是生产厂家设置的一组数字，必须按照规定的顺序操作遥控器或电视机上的数字按键即可使电视机进入维修状态。

· 按键法　按照规定的顺序操作遥控器或电视机上的功能键和数字键进入维修状态。

下面我们以长虹 LS10 系列机芯为例，来介绍维修模式的进入及调整的方法。

### ① 进入工厂维修模式的方法

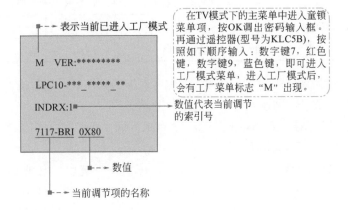

### ② 工厂菜单的调整方法

**①** 选择调节项目都有唯一的索引号与之对应，维修人员直接按数字键或频道键 P+/P- 可以选择调节的项目，索引号与调节项目对应关系如下表所示。

| 索引号与调节项目对应关系 | | | | |
|---|---|---|---|---|
| 索引号 | 项目名称 | 项目含义 | 操作键 | 备注 |
| 1 | 7117-BRI | SAA7117 副亮度 | V+/V- | 调整副亮度 |
| 2 | 7117-SAT | SAA7117 饱和度 | V+/V- | 调整副饱和度 |
| 3 | 7117-CON | SAA7117 对比度 | V+/V- | 调整副对比度 |
| 4 | PIP7115-BR1 | SAA7117 副亮度 | | 本机无效 |
| 5 | PIP7115-SAT | SAA7117 副饱和度 | | 本机无效 |

续表

| 索引号与调节项目对应关系 | | | | |
|---|---|---|---|---|
| 索引号 | 项目名称 | 项目含义 | 操作键 | 备注 |
| 6 | PIP7115-COM | SAA7117 对比度 | | 本机无效 |
| 7 | WHITE BALANCE | 白平衡 | V+/OK | |
| 8 | ACE OFFSET | 暗平衡 | V+/OK | |
| 9 | Auto Color | SAA7117 自动校正 | | 本机无效 |
| 10 | ADC AUTO | SAA7117 自动校正 | V+/OK | |
| 11 | SALESFOR | SALESFOR | | 本机无效 |
| 12 | BALANCE | 声音平衡 | V+/ V− | 调整的值 50、−50、0 |
| 13 | VOLUME | 音量大小 | V+/ V− | 步长为 10 |
| 14 | SOUND SYSTEM | 声音制式 | V+/ V− | DK/I/BG/M |
| 15 | AUTO SEARCH | 自动搜索 | V+/OK | 信号源为 TV |
| 16 | GOLD RATIO | 黄金比预置 | V+/OK | 1 代表预置 |
| 17 | CLEAR EEPROM | 初始化 EEPROM | V+/OK | 储存器的数据初始化 |
| 18 | D MODE | 进入设计模式 | V+/OK | 可调整设计模式所有参数 |
| 19 | FACTORY OUT | 初始化 | V+/OK | 出厂设置 |
| 20 | PC LINK | 通信选择 | OK | Debug Tool 通信选择 |

按数字键时，如果调节的是 1～9 项，则输入对应的数字键，然后按"OK"键；若调节的项目索引号是 2 位数时，则输入一个 2 位数即可。

② 调整。调整时，对于某个动作操作，按"OK"或"V+"键，如 ADC AUTO；对于一些变量的增减按"V+/V−"键即可。

③ 白平衡与 ADC AUTO 调整。手动白平衡，按"V+"键后，出现对应的 3 个变量，以"P+/P−"键进行选择，按"V+/V−"键调节，按菜单键退出；ADC AUTO 对应索引号为 10，按"OK"或"V+"键后，进行自动色彩校正，校正完后显示调整后的值。

需要说明的是，工厂模式下切换节目号时，必须先按"显示"键，在显示内容未消失之前按"P+/P−"键才能进行切换。

### ③ 调整数据的注意事项

| 调整数据的注意事项 |
|---|
| 调整前要记录原始数据。记录下调整项目的名称、此项目中的原始数据值，以便调整失败后复原 |
| 调整数据要做到有的放矢。要有目的地根据电视机反映的现象调整相关的项目数据，不能进入维修状态后随意乱调 |
| "模式数据（选项数据）"进行调整要谨慎。要特别注意，该项数据调乱后对 $I^2C$ 总线彩电产生严重的后果 |
| 不更换存储器时不要进行存储器的初始化 |

## 9.6 实战 26——更换 CCFC 灯管的操作方法

### ① 更换灯管前的准备工作

① 洁净台

更换灯管必须选择一个无尘的环境：无尘室或洁净台。若无这个条件的话，自己可以动手做一个铝合金玻璃大框架。

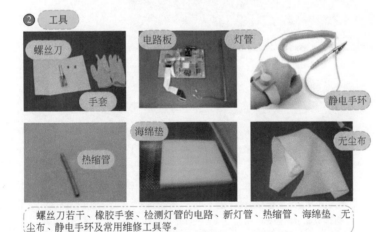

② 工具

螺丝刀

电路板　灯管

手套

静电手环

热缩管

海绵垫

无尘布

螺丝刀若干、橡胶手套、检测灯管的电路、新灯管、热缩管、海绵垫、无尘布、静电手环及常用维修工具等。

### ② 检测、判断原灯管的好坏

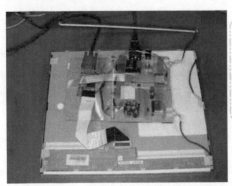

判断原灯管的方法有两种：一是用一个好的驱动板来逐一或全部驱动屏中的灯管，若灯管不点亮或发光有偏色现象，则表明该灯管有问题；二是用一个好的灯管来代换原灯管，如果通电后这个灯管发光正常，且背光板不保护，表明这个被代换的灯管是不良的。

**③ 拆卸灯管、灯管组**

**① 去绝缘保护膜**

将液晶屏后边的所有电路板进行拆卸，
再撕下屏驱动板外贴的绝缘保护膜。

**② 拆卸螺钉**

用螺丝刀拆卸下电
路板上的所有螺钉。

**③ 拆卸边框**

拆卸液晶屏的边框：用左手托住液晶屏的正面，用一个小螺丝刀对着
有卡钩的地方向外轻轻用力撬开边框，依次撬开所有卡钩后，就可拆卸下
边框。

**④ 拆卸液晶面板**

先试着用一个硬塑料片或小刀片来撬动液晶面板，看看能不能撬动起来。
若撬动不起来，说明液晶面板是有双面胶与胶框粘住的，此时就需要用刀片
从两个侧面插入割开双面胶，然后再进行撬动。
液晶面板撬动起来后，就用双手托住液晶屏的两个边缘轻轻提起，然后把
它放在海绵垫上。

⑤ 拆卸胶框

左手托住液晶屏正面，右手用螺丝刀对着有卡钩的地方向外轻轻用力撬开胶框，取下胶框后放在合适的地方。

⑥ 拆取膜片

将上、下集光片和扩散片一起轻轻提起，然后放在一个干净的地方。
注意：一定不要把膜片折了。一定不要弄脏膜片，否则会出现暗点。
如果膜片上有灯管的碎片，先轻轻抖掉，然后用无尘布轻轻一擦，一定不要刮伤膜片，否则会出现暗点或暗带。

⑦ 拆卸背板

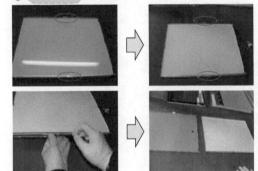

撕起背板与灯管粘连的铝膜，用小螺丝刀撬开背板，然后取下背板，放在合适位置。

⑧ 拆卸灯管

在灯管的一端慢慢向外轻轻拉，然后取下灯管。

⑨ 拆热缩管及胶带

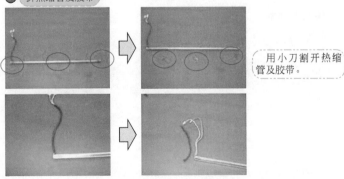

用小刀割开热缩管及胶带。

⑩ 取下灯罩

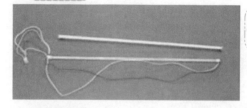

轻轻取下灯罩，取时注意不要碰坏灯管。

⑪ 移除绝缘帽

 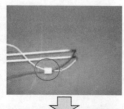

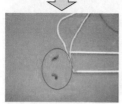 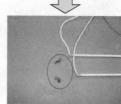

移除灯管的高压、低压端的绝缘帽，并去除两端的热缩管。

⑫ 取下损坏的灯管　　防**振圈**

脱焊、取下损坏的灯管，并取下损坏灯管上的防振圈。

④ 装配灯管、灯管组件

① 准备新灯管

选取规格相同的新灯管，剪留适当长度的引线，并套上防振圈。

② 焊接灯管

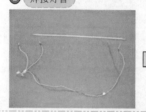 

在高压、低压灯管线端套上热缩管，焊接灯管线，并把热缩管移到焊接处热缩。
注意：灯管高压处要焊接成直角形，低压端要焊接成一字形。
焊点要圆滑，不能有毛刺，防止放电打火。
同一个灯管引脚上的高低压线必须焊接在同一个裸灯管上。

③ 装配灯罩

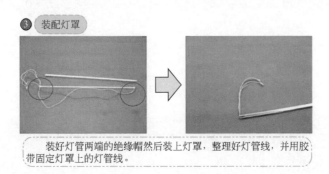

　　装好灯管两端的绝缘帽然后装上灯罩，整理好灯管线，并用胶带固定灯罩上的灯管线。

④ 装灯管线、热缩管等

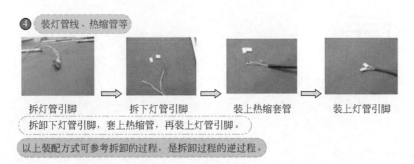

拆灯管引脚　　　　拆下灯管引脚　　　　装上热缩套管　　　　装上灯管引脚

　　拆卸下灯管引脚，套上热缩管，再装上灯管引脚。

以上装配方式可参考拆卸的过程，是拆卸过程的逆过程。

⑤ 维修后检验

　　维修后检验有无异物或漏光等现象。

# 附录

| 常见 PWM 芯片和高压板芯片去除保护的方法 | | | | | |
|---|---|---|---|---|---|
| 芯片型号 | 保护引脚 | 去除方法 | 芯片型号 | 保护引脚 | 去除方法 |
| AT1380 | 2 | 对地短路 | BA9741 | 15 | 对地短路 |
| AT1741 | 15 | 对地短路 | BA9743 | 15 | 对地短路 |
| MB3775 | 15 | 对地短路 | AAT1100 | 8 | 对地短路 |
| OZ960/OZ962 | 2 | 对地短路 | AAT1107 | 15 | 对地短路 |
| BIT3106 | 2 和 27 | 脱开引脚 | KA7500 | 1 和 16 | 对地短路 |
| BIT3107 | 4 | 脱开引脚 | FA3630 | 7 和 10 | 对地短路 |
| BIT3193 | 15 | 脱开引脚 | FA3629 | 15 和 16 | 外接电容对地短路 |
| BIT3101 | 2 和 15 | 脱开引脚 | TL5001 | 5 | 对地短路 |
| BIT3102 | 5 | 脱开引脚 | TL1451 | 15 | 对地短路 |
| BIT3105 | 4 | 脱开引脚 | TL494 | 1 和 16 | 对地短路 |
| OZ9RR | 8 | 对地短路 | TL5451 | 15 | 对地短路 |
| OZ965 | 4 | 对地短路 | | | |

| 长虹常见机芯总线的进入和退出方法 | | |
|---|---|---|
| 机芯 | 型号 | 进入和退出方法 |
| LS07 | CHD-TM150F7、CHD-W170F7、CHD-TD170F7、CHD-TM201F7、CHD-TD201F7、LT1512、LT1712、LT2012、LT2612 | 将伴音关到"0"，按住遥控器"静音"键不放，再按本机的"菜单"键即可进入。退出时遥控关机即可 |
| LS08 | CHD-W260F8、CHD-W270F8、CHD-TD270F8、CHD-W320F8、CHD-TD320F8、CHD-W370F8、CHD-TD370F8、LT3218、LT3718、LT4018（遥控器型号：KLC5B、KLC5C） | TV 状态下，按出菜单，调整到菜单的最后一项提示输入密码，再顺序按遥控器上"7""定点播放""9""标题"四个键即可进入。退出时遥控关机即可 |
| LP09 | LT4219、LT4219P、LT4619、LT4619P、LT4233、LT4266、LT4099、LT4299、LT4699、LT4219FHD、LT4719FHD（遥控器型号：① LT4219、LT4219P、LT4619、LT4619P 为 KLC5E；② LT4266 为 KLC5E；LT4233、LT4099、LT4299、LT4699为KPT9A-C1、KPT9A-C2；③ LT4219FHD、LT4719FHD为RL48A） | ① LT4219、LT4219P、LT4619、LT4619P：音量调到"0"，按一下"静音"键，出现静音标示以后，再按遥控板上的"童锁"加本机"菜单"键<br>② LT4233、LT4266、LT4099、LT4299、LT4699、LT4219FHD、LT4719FHD：音量调到"0"，按下"静音"键 3s 以上，出现静音标示以后，再按遥控板上的"演示"加本机"菜单"键<br>退出总线遥控关机 |
| LS10 | LT3212、LT3712、LT3288、LT3788、LT4288、LT4028、LT3219P、LT3719P、LT4019P（遥控器型号：12、88 系列为 KLC5B；19P 系列为 KLC5B-11） | V 状态下，按出菜单，调整到菜单的最后一项提示输入密码，再顺序按遥控器上"7""定点播放""9""标题"四个键，再按"OK"键即可进入。退出时遥控关机即可 |

续表

| 机芯 | 型号 | 进入和退出方法 |
|---|---|---|
| LS12 | LT32600、LT37600、LT40600、LT42600、LT47600、LT37700、LT42700、LT47700、LT3219P（L04）、LT3719P（L04）、LT4019P（L04）、LT4219P（L04）、LT4619P（L04）、LT32866、LT37866[遥控器型号：LT3219P(L04)、LT3719P（L04）、LT4019P（L04）、LT4219P（L04）、LT4619P（L04）、LT32866、LT37866 为KPT9A-8，其他型号为KPT9A-4] | 按出菜单，调整到菜单的童锁项，提示输入密码，再顺序按遥控器上"7""PIP图像""9""PIP节目减"四个键，再按"OK"键即可进入。退出时遥控关机即可 |
| LS15 | LT19600、LT22600、LT26600、LT15700、LT22700、LT26700、LT32700、LT2012（L01）、LT3212（L01）（遥控器型号：KLC5B-16） | 将伴音关到"0"，按住遥控器"静音"键不放，再按本机的"菜单"键即可进入。退出时遥控关机即可 |
| LS16 | LT42866FHD、LT42866DR、LT47866FHD、LT47866DR、LT52700FHD、LT42900FHD、LT46900FHD、LT52900FHD [遥控器型号：LT42900FHD、LT46900FHD、LT52900FHD 为 RL48HX（RL48JX-1），其他为 RA48B。LT42900FHD 48JX-1 TV/AV 切换 +1111] | 在 TV/AV 菜单下，快速顺序按遥控器的"7""演示""9""扫描"进入。退出从总线 M 模式十二项 Quit 退出 |
| LS19 | LDTV42866U、LDTV42700U、LDTV47700U 等 LDTV 系列电视 | 在 TV 状态下，将音量调为"0"，按住遥控器静音键不放，再按本机 TV/AV 键进入 |
| LS20 | LT32900、LT37900FHD、LT32876、LT37876FHD、LT40876FHD、LT42876FHD、LT42700（L06）、LT47700（L06）、LT32866R、LT37866R、ITV42866L03、ITV47866L03、ITV42820F、ITV46820F | 在 TV 状态下，将音量调为"0"，按住遥控器静音键 3s 以上，再按本机菜单键进入。数据第十三项：FACTORY OUT 退出总线 |
| LS23 | LT32710、LT37710、610 系列、620 系列、629系列（遥控器型号：RP57B） | 进入静音状态，在显示主菜单期间顺序按 7217 四个键进入。M 模式第 11 项"Exit"退出 |
| LM24 | LT32810U、LT37810U、720 系列（注：不带尾缀）、LT32730E、LT32730EX、LT42730E、LT46730E、ITV32839E、ITV42739E、ITV46739E、LT26830E | 菜单 +08166180+OK |
| LS26 | LT26729、LT32729、LT37729、LT40729F、LT42729F、LT46729F、LT42710F | 在 TV 模式下通过遥控器，按如下顺序输入：静音—菜单—数字键 6—数字键 1—数字键 1—数字键 5 即可进入工厂模式菜单 |
| LS26I | ITV32830E、ITV32830E（L25）ITV32839E、ITV37830E、ITV42830DE（L25）、ITV46830E（L25）、ITV42839E、ITV46839E、ITV40830DE、ITV42830DE、ITV46830DE | 在 TV 模式下通过遥控器，按如下顺序输入：静音—菜单—数字键 6—数字键 1—数字键 1—数字键 5 即可进入工厂模式菜单 |
| LS28/28i | ITV32850EB、ITV42850EB、ITV46850EB、IDTV442920DE、IDTV46920DE、ITV55920DE | 在 TA/AV 菜单下输入 2580 |
| LS29 | LT24630、LT19610（L15）、LT19610（L27）、LT22610(L15)、LT22610(L27)、LT26610(L15)、LT26610(L27)、LT22629(L15)、LT32629(L15)、LT37710（L15）、LT24720F、LT32710（L15） | 顺序按遥控器：静音、菜单、7217 进入 |

在表最上方：长虹常见机芯总线的进入和退出方法

续表

| 长虹常见机芯总线的进入和退出方法 | | |
|---|---|---|
| 机芯 | 型号 | 进入和退出方法 |
| LS30 | LT26630（L22）、LT26630X（L22）、LT32630（L22）、LT32630X（L22）、LT32920E、ITV32920E、LT37630(L22)、LT37630X(L22)、LT42630F(L22)、LT42630FX（L22）、LT46630F（L22）、LT46630FX（L22）、LT55630D（L22）、LT55630DX（L22）、LT24610（L18）、LT24610X（L18）、LT42710FHDX（L22）、LT47710FHDX（L22） | 在 TV 源下，按如下顺序输入：菜单—数字键6—数字键1—数字键4—数字键8进入 |
| LS30IS | 860 系列、750 系列 | 第一种：按遥控静音键 3 ～ 8s，再按本机菜单<br>第二种：音量为 0，再依次按遥控上的静音、菜单、0912 |
| LM32 | LT32710（L23）、LT32719、LT32710X（L23）、LT37710X（L23） | 顺序按遥控器：菜单、08166180、OK |
| LM34I | ITV32650、ITV37650、ITV40650、3D47790I | 按遥控上菜单、08166180 |
| LS35 | LT26730X、LT32/42730EX（L31）、LED24/26/32/37770X、LED24660 | 音量为 0，再依次按遥控上的静音、菜单、0912 |
| LS39 | LED32A2000V、LED32A2000V、LED23A4000V、LT26630V、LT32630V、LT32630V、LT39630V、LT42630V、LED32770V、LED32770V、LED32770V | 音量为 0，再依次按遥控上的静音、菜单、0912 |
| LM38/ISD | A3000 系列、A4000 系列、A5000 系列、A6000 系列、A7000 系列等智能机 | 按"菜单"键后，在菜单消失前，依次按数字键"0816"，进入工厂菜单 |
| LM41IS | 3D32B4000、3D42B4500I、3D42B4000I、3D47B4500I、3D47B4000I、3D50B4500I、3D50B4000I、3D55B4500I、3D55B4000I | 按"菜单"键后，在菜单消失前，依次按数字键"0816"，进入工厂菜单 |

| TCL 常见机芯总线的进入和退出方法 | | |
|---|---|---|
| 机芯 | 机型 | 方法 |
| CORTEZ | LCD27A71-P、LCD32A71-P、LCD37A71-P、LCD40A71-P、LCD32B03-P、LCD32B66-P、LCD37B03-P、LCD37B66-P、LCD40B03-P、LCD42B03-P、LCD40V85 | 方法一：将音量减小到 0 后再按静音键，接着按数字键 9、7、3、5 即可进入<br>方法二：直接按回看键（工厂菜单中 Function-FACT-KEY 为 ON 时有效）进入，按遥控器菜单键退出 |
| GM21 | L32E64、LCD15A71、LCD20A71、LCD23A71、LCD20B66、LCD20B67、LCD26B66-L、LCD26B66-P、LCD26B67、LCD32B66-L、LCD2026A、LCD2726-L | 按菜单键进入主菜单，再输入密码 3210 进入工厂菜单。进入菜单页面后按上下键选择调整项目，按左右键调整项目数据，再按菜单键退出<br>若将工厂菜单（Advanced Setting）中的"FACTORY MODE"的值改为 1（默认值是 0），则退出菜单后按"-/--"键可直接进入工厂菜单，此时按密码进入同样有效 |

图表详解**液晶电视机**维修实战

| 机芯 | 机型 | 方法 |
|---|---|---|
| | **TCL 常见机芯总线的进入和退出方法** | |
| GC32 | L37E64、L40E64、L42E64、L42M61R、L46E64、LCD26B66P、LCD27K73、LCD32B03-P、LCD32B67、LCD32B68、LCD32K73、LCD37B67、LCD37B68-T、LCD37K73、LCD37M3、LCD40B03P、LCD40B66-P、LCD40K73、LCD42B66-P、LCD42B67、LCD42B68-T、LCD42K73、LCD47B68-T、LCD47K73 | 进入与退出方法与 CORTEZ 机芯相同 |
| GC38 | L37H61、L37H61D、L37H61F、L42H61、L42H61D、L42H61F、L46H61F、L47H61、L42M61F、L46M61F | 进入与退出方法与 CORTEZ 机芯相同 |
| MS18/18A | L19E72、L20E72、L26E64、L26M61、L32E64、LCD20B66、LCD27K73、LCD32K73 | 方法一：将音量减小到 0 后再按静音键，然后在 3s 内按数字键 9、7、3、5 即可进入工厂菜单<br>方法二：直接按回看键（工厂菜单 FACTORY SETTING 中 的"FACTORY KEY"项设置为 0 时有效）进入，按遥控器菜单键退出 |
| MS88 | L32E64、L32E77、L32M61、L32M71、L37E77、L40E64、L40E77、L42E77、L46E77、LCD32E64、LCD37K73、LCD40K73、LCD42K73、LCD46E64、LCD47K73 | 进入与退出方法与 MS18/18A 机芯相同 |
| MS88A | L32M61、L40E64 | 方法一：在 TV 状态下，将音量减小到 0，再进入到菜单，将光标停在对比度项上，然后输入 9、7、3、5 即可进入<br>方法二：直接按回看键（工厂菜单中 CONFIG-FACTORY HOTKEY 为"开"时有效）进入，按遥控器菜单键退出 |
| MS88B | L37M61R、L40M61R、L42M61R、L42M71R、L46M61R、L46M71R | 进入与退出方法与 MS88A 机芯相同 |
| MT02 | LCD42K73 | 方法一：将音量减小到 0 后再按静音键，接着输入 9、7、3、5 即可进入<br>方法二：在"FACTORY KEY"项目数据为"ON"时，直接按蓝色键进入；直接按 EXIT 或蓝色键退出<br>进入工厂菜单后按右键进入子菜单，按左右键选择子选项，按 MENU 键返回主菜单，按遥控器上的菜单键退出 |
| MC7 | L37M71D、L40M71D、L42M71D、L46M71D、L42H78F、L46H78F、L52H78F | 打开软件的主菜单，并将光标置于对比度选项上，接着按数字键 9、7、3、5，软件判定正确后就会打开工厂菜单。按遥控器菜单键退出 |

| 常见液晶屏的工作电压值 | | | | | |
|---|---|---|---|---|---|
| 生产厂家 | 屏型号 | 上屏电压 /V | 生产厂家 | 屏型号 | 上屏电压 /V |
| LG | LC171W03-A4K3 | 12 | 三星 | LTA320W2-L03 | 5 |
| | LC201V02-A3 | 5 | | LTA320W2-L14 | 5 |
| | LC260WX2-SL01 | 12 | | LTA320WT-L05 | 5 |
| | LC300W01-B5 | 12 | | LTA400W2 | 5 |
| | LC320W01 | 12 | | LTA400W2-L01 | 5 |
| | LC320W01-SL01 | 12 | | LTA400WS | 5 |
| | LC320W01-SLA1 | 12 | | LTA400WT-L11 | 5 |
| | LC320WX3-SLC1 | 12 | | LTA520HB09 | 12 |
| | LC320WXD-SAC1 | 12 | | LTM150XH-L06 | 3.3 |
| | LC370W01 或 W01-A6 | 12 | | R-LCD 屏 LTA520HB03 | 12 |
| | LC370WUN-SAB1 | 12 | | LTM170W1-L01 | 3.3 |
| | LC370WX1 | 12 | | LTA520HB03 | 12 |
| | LC370WX1-SL01 | 12 | | LTA4601WT-L14 | 12 |
| | LC370WX1-SLA1 | 12 | | LTA460WS-L03 | 5 |
| | LC370WXN-SAB1 | 12 | | LTA460HB03 | 12 |
| | LC420W02 | 12 | | LTA400WT-L17 | 12 |
| | LC420W02-SLA1 | 12 | Proview | PV320TVM-A02H | 5 |
| | LC420WX7-SLE1 | 12 | | PV320TVM-A06H | 5 |
| | LC470WU1-SLA1 | 12 | | PV320TVM-A07H | 5 |
| | LC470WX1-SLA1 | 12 | | PV320TVM-A17H | 5 |
| | LC550W01-A5 | 18 | | PV320TVM-A31H | 5 |
| | LM181E06-A4M1 | 12 | | PV320TVM-F2H | 5 |
| 台湾奇美 | M150X3-L04 | 3.3 | | PV320TVM-AH2H | 5 |
| | M150X4-T05 | 3.3 | | PV370TVM-A01H | 12 |
| | V201V1-T03 | 5 | | PV370TVM-A02H | 12 |
| | V260B1-L01 | 5 | | PV370TVM-A11H | 12 |
| | V270B1-L01 | 5 | | PV370TVM-A12H | 12 |
| | V270W1-L04 | 5 | | PV420TVM-A01H | 12 |
| | V296W1-L02 | 5 | | PV420TVM-C02H | 12 |
| Au | A201SN01 | 5 | | V320TVM-A11H | 5 |
| 中华映管 | CLAA150XP01 或 03 | 3.3 | | V320TVM-A12H | 5 |
| | CLAA201VA074 | 5 | | V370H1-L03 | 18 |
| 京东方 | HT190WG1-100 | 5 | AUO | T370XW02-V5 | 12 |
| AU | T370XW01-V1 | 12 | | T370XW01-V5 | 12 |
| | T370XW02-V0 | 12 | | | |

# 参考文献

[1] 刘午平. 液晶彩电维修精要完全揭秘. 北京：化学工业出版社，2011.

[2] 张小红. 轻松掌握液晶电视机维修技能. 北京：化学工业出版社，2014.

[3] 景署光. 液晶彩电维修精要完全揭秘. 北京：化学工业出版社，2011.

[4] 刘午平. 液晶彩电维修完全图解. 北京：化学工业出版社，2013.

[5] 孙德印. 新型液晶彩电背光灯板维修. 北京：机械工业出版社，2014.